Wissenschaftliche Reihe Fahrzeugtechnik Universität Stuttgart

Herausgegeben von
M. Bargende, Stuttgart, Deutschland
H.-C. Reuss, Stuttgart, Deutschland
J. Wiedemann, Stuttgart, Deutschland

Das Institut für Verbrennungsmotoren und Kraftfahrwesen (IVK) an der Universität Stuttgart erforscht, entwickelt, appliziert und erprobt, in enger Zusammenarbeit mit der Industrie, Elemente bzw. Technologien aus dem Bereich moderner Fahrzeugkonzepte. Das Institut gliedert sich in die drei Bereiche Kraftfahrwesen, Fahrzeugantriebe und Kraftfahrzeug-Mechatronik. Aufgabe dieser Bereiche ist die Ausarbeitung des Themengebietes im Prüfstandsbetrieb, in Theorie und Simulation. Schwerpunkte des Kraftfahrwesens sind hierbei die Aerodynamik, Akustik (NVH), Fahrdynamik und Fahrermodellierung, Leichtbau, Sicherheit, Kraftübertragung sowie Energie und Thermomanagement – auch in Verbindung mit hybriden und batterieelektrischen Fahrzeugkonzepten.

Der Bereich Fahrzeugantriebe widmet sich den Themen Brennverfahrensentwicklung einschließlich Regelungs- und Steuerungskonzeptionen bei zugleich minimierten Emissionen, komplexe Abgasnachbehandlung, Aufladesysteme und -strategien, Hybridsysteme und Betriebsstrategien sowie mechanisch-akustischen Fragestellungen.

Themen der Kraftfahrzeug-Mechatronik sind die Antriebsstrangregelung/Hybride, Elektromobilität, Bordnetz und Energiemanagement, Funktions- und Softwareentwicklung sowie Test und Diagnose.

Die Erfüllung dieser Aufgaben wird prüfstandsseitig neben vielem anderen unterstützt durch 19 Motorenprüfstände, zwei Rollenprüfstände, einen 1:1-Fahrsimulator, einen Antriebsstrangprüfstand, einen Thermowindkanal sowie einen 1:1-Aeroakustikwindkanal.

Die wissenschaftliche Reihe „Fahrzeugtechnik Universität Stuttgart" präsentiert über die am Institut entstandenen Promotionen die hervorragenden Arbeitsergebnisse der Forschungstätigkeiten am IVK.

Herausgegeben von

Prof. Dr.-Ing. Michael Bargende
Lehrstuhl Fahrzeugantriebe,
Institut für Verbrennungsmotoren und
Kraftfahrwesen, Universität Stuttgart
Stuttgart, Deutschland

Prof. Dr.-Ing. Jochen Wiedemann
Lehrstuhl Kraftfahrwesen,
Institut für Verbrennungsmotoren und
Kraftfahrwesen, Universität Stuttgart
Stuttgart, Deutschland

Prof. Dr.-Ing. Hans-Christian Reuss
Lehrstuhl Kraftfahrzeugmechatronik,
Institut für Verbrennungsmotoren und
Kraftfahrwesen, Universität Stuttgart
Stuttgart, Deutschland

Jin Gong

Grundlagenunter-suchung zur aktiven Beeinflussung der abgelösten Strömung

Jin Gong
Stuttgart, Deutschland

Zugl.: Dissertation Universität Stuttgart, 2015

D93

Wissenschaftliche Reihe Fahrzeugtechnik Universität Stuttgart
ISBN 978-3-658-12218-8   ISBN 978-3-658-12219-5 (eBook)
DOI 10.1007/978-3-658-12219-5

Die Deutsche Nationalbibliothek verzeichnet diese Publikation in der Deutschen Nationalbibliografie; detaillierte bibliografische Daten sind im Internet über http://dnb.d-nb.de abrufbar.

Springer Vieweg

Springer Fachmedien Wiesbaden ist Teil der Fachverlagsgruppe Springer Science+Business Media (www.springer.com)

Vorwort

Die vorliegende Arbeit entstand während meiner Tätigkeit als wissenschaftliche Mitarbeiterin am IVK / FKFS der Universität Stuttgart.

Mein besonderer Dank gilt meinem Doktorvater Herrn Prof. Dr.-Ing. Jochen Wiedemann für die Übernahme des Hauptberichts sowie für die Anregungen und Unterstützung während der Arbeit. Für die Übernahme des Mitberichts bedanke ich mich herzlich bei Herrn Prof. Dr.-Ing. Thomas Maier.

Herrn Dipl.-Ing Nils Widdecke und Herrn Dr.-Ing. Timo Kuthada danke ich herzlich für das große Interesse am Fortschritt der Arbeit sowie für viele förderliche und konstruktive Diskussionen. Dank ihrer Unterstützung bei der Koordinierung der messtechnischen und rechentechnischen Ressourcen konnte die Arbeit zustande kommen.

Ich bedanke mich bei den Kollegen am Institut für Verbrennungsmotoren und Kraftfahrwesen für die gute Zusammenarbeit. Für die Unterstützung bei der Durchführung der Experimente möchte ich mich bei den Kollegen vom IVK-Fahrzeugmodellwindkanal, insbesondere Herrn Stefan Schmidt, für die stetige Hilfsbereitschaft bedanken.

Außerdem Dank an zahlreichen Studenten, die im Rahmen ihrer Studienarbeit oder als studentische Hilfskraft diese Arbeit unterstützt haben.

Schließlich möchte ich mich bei meinen Eltern, Gong Lin, Ren Aiai, meinen Schwiegereltern, Johanna und Otto Bawidamann, meinem Ehemann, Jens Bawidamann, und meinen lieben Kindern, Lea und Joschua Bawidamann bedanken. Ohne ihren starken Rückhalt und ihr Verständnis sowie ihre Unterstützung wäre diese Arbeit nicht möglich gewesen.

Jin Gong

Inhaltsverzeichnis

Formelzeichen

c_p	[-]	Statischer Druckbeiwert
c_{pB}	[-]	Basisdruckbeiwert
c_w	[-]	Luftwiderstandsbeiwert
c_μ	[-]	Impulsbeiwert
Δc_{pB}	[-]	Basisdruckänderung durch die Beeinflussung
$\lvert c_{pB} \rvert$	[-]	Betrag des Basisdrucks der unbeeinflussten Strömung
f	[-]	Druckrückgewinnfaktor
f_{inst}	[Hz]	natürliche Instabilitätsfrequenz
f_a	[Hz]	Anregungsfrequenz
H	[m]	Stufenhöhe
L	[m]	Charakteristische Länge
n	[-]	Geschwindigkeitsexponent
p_B	[bar]	Basisdruck
p_{ref}	[bar]	Referenzdruck
p_{stat}	[bar]	statischer Druck
p_{stau}	[bar]	Staudruck
Re	[-]	Reynolds-Zahl
S_r	[-]	Strouhal-Zahl
Sr_H	[-]	Strouhal-Zahl bezüglich der Stufenhöhe
Sr_{δ_2}	[-]	Strouhal-Zahl bezüglich der Impulsverlustdicke
Sr_{δ_1}	[-]	Strouhal-Zahl bezüglich der Verdrängungsdicke
Sr_{x_r}	[-]	Strouhal-Zahl bezüglich der Wiederanlegelänge

T	[-]	Dimensionslose Zeit
u_x	[m/s]	Geschwindigkeitskomponente in Strömungsrichtung
u_a	[m/s]	Anregungsgeschwindigkeit
u_{amax}	[m/s]	Amplitude der Anregungsgeschwindigkeit
u	[m/s]	Strömungsgeschwindigkeit
u'	[m/s]	Geschwindigkeit kleiner Störungen in der Scherschicht
u_∞	[m/s]	Anströmungsgeschwindigkeit
U	[Volt]	Heizspannung
x_r	[mm]	Wiederanlegelänge
x, y, z	[mm]	Ortskoordinaten
α_r	[-]	Wellenzahl in Strömungsrichtung
α_i	[-]	die räumliche Anfachungsrate in X-Richtung
β	[-]	die Wellenzahl in der Spannweite
δ_1	[mm]	Verdrängungsdicke
δ_2	[mm]	Impulsverlustdicke der Grenzschicht
ε	[m^2/s^3]	Dissipation
k	[m^2/s^2]	Turbulente kinetische Energie
η	[kg/m·s]	dynamische Viskosität
τ	[s]	Relaxationszeit
τ_w	[N/m²]	Wandschubspannung
ω_f	[1/s]	Kreisfrequenz der Kelvin-Helmholtz-Wellen
ω_i	[-]	die zeitliche Anfachungsrate der Störwelle
ω_r	[1/s]	Kreisfrequenz
ω_y	[1/s]	Wirbelstärke um Y-Achse
ω_z	[1/s]	Wirbelstärke um Z-Achse

Abkürzungsverzeichnis

1D	1-dimensional
2D	2-dimensional
3D	3-dimensional
CFD	Computational Fluid Dynamics
CTA	Constant-Temperature-Anemometry
CCA	Constant-Current-Anemometry
DNS	Direkte numerische Simulation
DWT	Digital Wind Tunnel
MEMS	Mikroelektromechanische Systeme
NNM	Null-Netto-Massenstrom
IVK	Institut für Kraftfahrzeugwesen
KW	Kármán-Wirbelstraße
SAE	Society of Automotive Engineers
RANS	Reynolds-Averaged-Navier-Stokes equations
RNG	Re-Normalization-Group

Zusammenfassung

Die Ablösung ist eines der wichtigsten Phänomene in der Aerodynamik, da sie die aerodynamischen Eigenschaften eines Körpers erheblich beeinflusst. Durch konstruktive Maßnahmen können die abgelösten Strömungen hinter einem stumpfen Körper passiv oder aktiv beeinflusst werden. Der Vorteil der aktiven Strömungsbeeinflussung gegenüber den passiven Methoden ist der große optimale Betriebsbereich. Dank der Kontrollmöglichkeit im Betrieb kann die aktive Beeinflussung an variable Arbeitssituationen angepasst werden.

Die vorliegende Arbeit beschäftigt sich mit der Entwicklung der Strategie zur aktiven Beeinflussung der abgelösten Strömung hinter den Grundkörpern. Die zu untersuchenden Strömungskonfigurationen werden nach der Komplexität der Ablösung katalogisiert. Die rückwärtsgewandte Stufe und der 2D-Körper sowie das SAE-Modell repräsentieren jeweils die isolierte einseitige Ablösung, die zweiseitigen Ablösungen mit den Wechselwirkungen sowie die komplexen Ablösungen eines 3D-Körpers. Die experimentellen Untersuchungen werden im Windkanal durchgeführt. Als nützliches Werkzeug kommt die instationäre CFD-Simulation zum Einsatz, die auf der Lattice-Boltzmann-Methode basiert. Die hoch aufgelöste CFD-Simulation ermöglicht, den zeitlichen Verlauf der charakteristischen Größen zu verfolgen sowie die Messgrößen, die messtechnisch schwer zugänglich sind, zu erfassen.

Die einseitige Ablösung der Stufenströmung wird durch die hochfrequente Anregung in Bezug auf den Basisdruck positiv beeinflusst. In diesem Fall wird die Scherschicht stetig unterbrochen. Das Wachstum der Querwirbel wird unterdrückt. Dadurch kann der statische Druck an der Basis, der durch die Querwirbel der Scherschicht induziert wird, erhöht werden. Dementsprechend wird der Luftwiderstand reduziert.

Auf der Grundlage der Untersuchung des 2D-Körpers kann festgestellt werden, dass die Synchronisation der Kármán-Wirbelstraße durch die Anregung mit der optimalen Frequenz die effektivste Methode zur Reduzierung des Luftwiderstands ist. Im Bereich der niedrigen Reynolds-Zahl bilden Querwirbel in den Scherschichten die typisch zick-zack-förmige Kármán-Wirbelstraße. Die Querwirbel in der Kármán-Wirbelstraße induzieren starken Unterdruck an der

Basis. Durch Zufuhr externer Energie werden die Querwirbel in den Scher-schichten zum „parallelen Verlauf" gezwungen und deren Wechselwirkung wird schwächer. Dadurch wird der Basisdruck tendenziell erhöht. Allerdings kann die Entwicklung der Querwirbel auch durch die Anregung mit bestimmten ungüns-tigen Frequenzen beschleunigt werden. Dies hat wiederum die Verminderung des Basisdrucks bzw. die Erhöhung des Luftwiderstands zur Folge. Aus diesem Grund ist die Bestimmung der optimalen Anregungsfrequenz eine wichtige Aufgabe der Aktiven Strömungsbeeinflussung.

Der Schwerpunkt dieser Arbeit liegt auf den experimentellen und numeri-schen Untersuchungen der abgelösten Strömung hinter der Stufe und der Vali-dierung der parallelen CFD-Simulation. Durch die Experimente im Windkanal wird die Beeinflussbarkeit der abgelösten Strömung mit Hilfe der Änderung der Wiederanlegelänge qualitativ beurteilt. Die CFD-Simulation ermöglicht einen tiefen Einblick in die zugrundeliegenden Mechanismen der aktiven Beeinflus-sung. Auf der Basis der Simulation werden die Kriterien zur aktiven Beein-flussung zusammengefasst. Dies kann dazu beitragen, die physikalischen Pro-zesse der aktiven Beeinflussung zu erklären sowie die optimalen Anregungsfre-quenzen vorherzubestimmen.

Eine Parameterstudie zur aktiven Strömungsbeeinflussung der abgelösten Strömung hinter einem 2D-Körper wird mit Hilfe des CFD-Modells durchge-führt. Die Anregung der abgelösten Strömung beruht auf der Beeinflussung der Wechselwirkungen der Scherschichten im Nachlauf. In den einzelnen Scher-schichten des 2D-Körpers lassen sich ähnliche Strukturen wie die Scherschicht-mode der Stufenströmung wiederfinden.

Schließlich wird die Methode zur aktiven Strömungsbeeinflussung, die auf der Grundlage der einseitigen und zweiseitigen Ablösungen entwickelt ist, im Sinne einer Übertragbarkeit an einem SAE-Körper getestet. Jedoch zeigen die Ergebnisse aufgrund der hochgradigen Komplexität der Ablösung eines 3D-Körpers eine stark eingeschränkte Übertragbarkeit. Abschließend werden die Schlussfolgerungen diskutiert und weitere Untersuchungen vorgeschlagen.

Abstract

The separation is one of the most important physical phenomena in aerodynamics. The aerodynamic characteristic of a Body is highly associated with the separation around it. According to constructive methods, the separated flow behind a bluff body can be controlled passively or actively. Compared to the passive methods, the significant advantage of the active flow control is a wide optimal operating range. Because of the real time controllability the active method can be adapted to variable operating points.

The subject of present work is to develop the strategy for the active control of separated flow behind the basic bodies. The examined flow configurations are cataloged according to the complexity of the separation. The backward facing step, the 2D body and the SAE model stand for the isolated separation from only one side, the separation from two sides with interactions and the separation behind a 3D object respectively. The experimental tests are carried out in the wind tunnel. As a useful tool, the unsteady CFD simulation based on the lattice Boltzmann method is applied in this study. The high resolution CFD simulation allows following up the time development of the characteristic variables and the capture of the measured variables which are incapable of measurement.

The only site separation behind the step is positively influenced by the excitation with high frequency in respect of the base pressure. In this case, the shear layer is constantly interrupted and the growth of the transverse vortex is suppressed. Therefore, the negative pressure at the base induced by the transverse vortex is increased. The air resistance is reduced accordingly.

The results of the 2D body indicate that the synchronization of the Kármán vortex street by the optimal frequency is the most effective method to reduce air resistance. The wake of the 2D-Body with the low Reynolds numbers has the typical form of the Kármán vortex street. The strong under-pressure at the base is induced by the transverse vortices in the Kármán vortex street. The external energy supply enforces the shear layers to parallel development, leading to preventing the interaction of the transverse vortex. Hence, the negative effect on the base pressure can be decreased. In addition, the development of vortexes in the shear layer can be enhanced by excitation with a certain frequency, resulting in the decrease of the base pressure and the increase of the air resistance accordingly. For this reason, the determination of the optimal excitation frequency is significant for the active flow control.

This investigation focuses on the experimental and numerical studies of the separated flow behind the step and the validation of the parallel CFD simulation. According to the change of the reattachment length, the feasibility of the control of the separated flow is investigated using the wind tunnel. The CFD simulation provides a deep insight into the underlying mechanisms of active flow control. Based on the simulation, the criteria for active control are summarized which enable both the explanation of the physical processes of active controlled flow and the accurate prediction of frequencies to excite the flow.

A parametric study for active flow control of separated flow behind a 2D body was examined using the CFD model. Since the aerodynamic characteristics of the 2D-body depend on the flow structure, the excitation of the separated flow is based on the influence of the interaction between the shear layers of the 2D-body. The structures which are similar to the shear layer mode can be found in the individual shear layers.

Subsequently, the transferability of the method of the active controlled flow derived from the separation both from one side and from two sides was identified using an SAE-body. However, the results show the presence of severely restricted transferability because of the substantial complexity of the separation of a 3D object. Eventually, the final consequences were discussed and further investigation was suggested.

1 Einleitung

Die Geschichte der aktiven Strömungsbeeinflussung lässt sich bis zum Anfang des 20. Jahrhunderts zurückverfolgen. Im Rahmen der Forschung zu Grenzschichttheorie wurde die Grenzschicht zum ersten Mal in den Experimenten von Prandtl durch das Absaugen beeinflusst, um die Ablösung der Grenzschicht eines Kreiszylinders zu untersuchen [1]. In der Vergangenheit hat die Technologie der Strömungsbeeinflussung in vielen Bereichen große Fortschritte gemacht. Auf dem Tragflügel lässt sich die abgelöste Strömung durch Anregung schneller wiederanlegen, wodurch der kritische Anstellwinkel des Flugzeugs sowie der Auftrieb vergrößert werden [2]. Auch im Bereich der Turbomaschine ist die Strömungsbeeinflussung hinsichtlich der Lärmminderung von großem Interesse. Das Strömungsgeräusch der axialen Turbomaschine kann z.B. dadurch verringert werden, dass an kritischen Stellen eine definierte aeroakustische Gegenschallquelle angebracht wird [3]. Um die Verbrennung zu vervollständigen, kann die Turbulenz des Kraftstoff-Luft-Gemisches im Verbrennungsmotor durch die Beeinflussung erhöht werden. Somit wird eine Steigerung der Kraftstoffeffizienz erzielt [4].

Nach der Aufwendung von externer Energie unterteilt sich die Strömungsbeeinflussung in die passive und aktive Methode. Während bei der aktiven Methode der Strömung externe Energie zur Anregung des Systems zugeführt wird, lässt sich bei der passiven Methode die Modifikation der Strömung durch konstruktive Maßnahmen realisieren. Die passive Beeinflussung wurde in den letzten Jahren mit großem Erfolg im Automobilbereich umgesetzt. Neben der Optimierung der geometrischen Form ist das Anbringen von festen Spoilern, Riblets oder Wirbelgeneratoren an kommerziellen Fahrzeugen zu finden. Um aufbauend auf der Optimierung solcher passiver Maßnahmen weitere Gewinne zu erzielen, werden aktive Beeinflussungen, beispielsweise durch Einblasen und/oder Absaugen, in vielen Bereichen untersucht. Der Hauptvorteil gegenüber passiven Maßnahmen ist der große optimale Betriebsbereich, da die aktive Beeinflussung durch die Steuerung oder Regelung der Zufuhr der externen Energie mit der Arbeitsumgebung gekoppelt werden kann.

1.1 Motivation und Zielsetzung

Angesichts stetig steigender Energiepreise und zunehmend strengerer Umwelt-
und Klimaschutzbestimmungen ist die Entwicklung von kraftstoffsparsamen
und umweltschonenden Fahrzeugen das Hauptziel der Automobilindustrie.
Neben der Erhöhung der Effizienz des Verbrennungsmotors können die aerodynamisch optimierten Fahrzeugformen ebenfalls zur Reduzierung des Ver-
brauchs beitragen. Die rasante Entwicklung im Bereich der numerischen Strömungsmechanik ermöglicht, die Ablösung mit Hilfe von Hochleistungscom-
putern zu modellieren. Auf Basis dieser Modelle wird das Verständnis der komplexen Strömungsphänomene vertieft, das zu den theoretischen Grundlagen für
die praktische Anwendung dienen kann. Die Ablösung um einen stumpfen Körper ist eines der wichtigsten Phänomene in der Fahrzeugaerodynamik, da die
Ablösungen die dynamischen und ökonomischen Eigenschaften eines Fahrzeugs
stark beeinflussen können.

Die Ausschöpfung der Potenziale zur Widerstandsreduzierung bei aerodynamisch optimierten Fahrzeugen motiviert die Forschung der aktiven Strömungsbeeinflussung.

Die vorliegende Arbeit konzentriert sich auf die Grundlagenuntersuchung
zur aktiven Beeinflussung der abgelösten Strömung. Die Ablösungen der Stufe,
des 2D-Körpers sowie des 3-dimensionalen SAE-Körpers werden sowohl experimentell als auch numerisch untersucht. Die wesentlichen Prozesse der Ablösungen hinter diesen drei Grundkörpern werden erklärt. Auf Basis dieser
Untersuchungen lassen sich die wichtigsten Kriterien für die Anregung der Ablösung zusammenfassen, die bei der Definition der Anregungsparameter eines
unbekannten Systems eine entscheidende Rolle spielen.

1.2 Aufgabenstellung der vorliegenden Arbeit

Die Untersuchungen der vorliegenden Arbeit sind so strukturiert, dass die Betrachtung der Strömungssituationen von einfach bis komplex in 3 Schritten
vertieft wird. In Abbildung 1 werden die Ablösungsbereiche der jeweiligen

Modelle dargestellt, wobei die Anregungsstellen mit schwarzen Linien gekennzeichnet sind.

Zum Aufbau der vorliegenden Untersuchung wird von der einseitigen Ablösung hinter einer Stufe ausgegangen. Aufgrund der geometrisch definierten Randbedingungen wurde die rückwärtsgewandte Stufe in der Vergangenheit häufig zur Grundlagenuntersuchung der Ablösung in einer isolierten Scherschicht verwendet. In der vorliegenden Arbeit wird die Beeinflussbarkeit der abgelösten Strömung hinter der Stufe durch die Druck- und Geschwindigkeitsmessungen quantitativ beurteilt. Die Änderung der abgelösten Strömung wird mit Hilfe der Rauchsonde visualisiert.

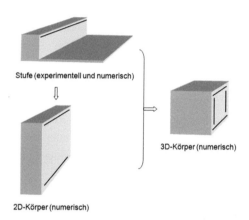

Abbildung 1: Untersuchungsprozess der vorliegenden Arbeit

Parallel wird die Stufenströmung numerisch modelliert. Durch den Vergleich mit den experimentellen Ergebnissen wird die Genauigkeit des numerischen Modells validiert. Dieses Modell ermöglicht, die Veränderung der Strömungsstrukturen durch die Beeinflussung bis ins Detail zu veranschaulichen. Darüber hinaus werden die Zusammenhänge der wesentlichen strömungsmechanischen Prozesse in einer isolierten Scherschicht erklärt.

Anschließend werden die Ablösungen von einseitig auf zweiseitig erweitert. Dazu dient ein 2D-Körper, dessen Geometrie mit dem Vorderkörper der Stufe identisch ist. Die Anströmung löst sich gleichzeitig an den oberen und unteren Hinterkanten ab. Die Wechselwirkungen zwischen beiden Scherschich-

ten des 2D-Körpers können nicht mehr vernachlässigt werden, da sie bei der
Konzeption der Strömungsbeeinflussung eine Schlüsselrolle spielen. Die Anregungsparameter bezüglich Anregungsfrequenzen sowie Anregungswinkel werden mit Hilfe von CFD untersucht.

Auf Basis der Untersuchungen an der Stufe und dem 2D-Körper werden
die Kriterien zur aktiven Beeinflussung zusammengefasst. Anschließend wird
ein 3-dimensionaler, fahrzeugähnlicher Körper im digitalen Windkanal numerisch untersucht, um die Beeinflussbarkeit der komplexen Ablösungen und die
Übertragbarkeit der aktiven Methode zu testen.

Als Aktuator zur Anregung der Ablösung der Stufe bzw. des 2D-Körpers
kommt ein Lautsprecher zum Einsatz. Über eine Reihe von kleinen Löchern
unmittelbar unterhalb der Abrisskante werden zusätzliche Strömungen mit dem
monofrequenten, sinusförmigen Anregungssignal in der Scherschicht hergeleitet, wobei die Summe der Zusatzströmungsmassen in einer Periode gleich
Null ist. Die größte Herausforderung des vorliegenden Anregungssystems ist,
die konstanten Amplituden des Lautsprechers über einem breiten Frequenzspektrum zu gewährleisten. Durch Anpassung der Eingangssignalstärke in Abhängigkeit der Frequenzen werden die Ausgangsamplituden der Anregungsströmungen im gesamten Bereich der Anregungsfrequenz linearisiert.

2 Stand der Technik

Seitdem die Strömungsbeeinflussung erstmals in den Untersuchungen zur Entwicklung der Grenzschicht-Theorie von Prandtl erwähnt wurde, entwickelte sich diese Technologie mit großem Erfolg stetig weiter [1]. Im Rahmen der Strömungsbeeinflussung sind zahlreiche Forschungen zum Zwecke der Verkleinerung der Ablöseblase zu finden. Im Automobil ist das Ziel der Strömungsbeeinflussung jedoch, den Luftwiderstand eines Fahrzeugs zu minimieren.

Je nachdem ob zusätzliche Energie zur Beeinflussung benötigt wird, lässt sich zwischen den passiven und aktiven Methoden unterscheiden [5]. Bei den passiven Methoden wird die Strömung ohne Zufuhr externer Energie beeinflusst, wie beispielsweise durch die Formänderung des angeströmten Körpers. Solche Änderungen sind in der Regel permanent, deswegen kann die passive Beeinflussung im gesamten Betriebsbereich nicht immer das Optimum erreichen.

Im Gegensatz dazu kann die Zufuhr von externer Energie bei aktiven Methoden manuell gesteuert oder automatisch geregelt werden. Die aktive Beeinflussung ermöglicht, den günstigsten Strömungszustand des Systems trotz ständig veränderter Strömungssituation zu erreichen. Dabei ist stets die Energiebilanz zu beachten. Das Ziel der aktiven Beeinflussung zur Energieeinsparung kann nur dadurch erreicht werden, dass es mehr Energie am Fahrzeug eingespart wird als für die aktive Beeinflussung aufzuwenden ist.

Ohne Anspruch auf Vollständigkeit werden im nachfolgenden Abschnitt die wichtigen Forschungsergebnisse in den Bereichen der passiven und aktiven Beeinflussung exemplarisch vorgestellt. Da das Hauptaugenmerk dieser Arbeit in der aktiven Strömungsbeeinflussung liegt, wird im Folgenden nur auf einige Beispiele der passiven Methoden eingegangen.

2.1   Passive Methoden

Mit dem Ziel, dass sich die abgelöste Strömung so früh wie möglich wieder anlegt, wurden zahlreiche Methoden zur passiven Strömungsbeeinflussung an einer Stufe in den letzten Jahren untersucht. Im Allgemeinen beruht das Prinzip der Untersuchungen zur Verkürzung der Wiederanlegelänge darauf, dass durch die Erhöhung der Wechselwirkung zwischen der Scherschicht und dem Totwasser die abgelöste Strömung früher wiederanlegen kann. Im Experiment von Westphal und Johnston wurden kleine Deltaflügel stromaufwärts der Ablösekante angebracht [6]. Die Bewegungen des Fluids in der turbulenten Grenzschicht der ankommenden Strömung vor der Ablösung wurden intensiviert. Die Ablöseblasen wurden dadurch signifikant verkleinert, dass die Wechselwirkungen im Ablösebereich verstärkt wurden [6].

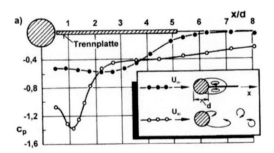

Abbildung 2:   Erhöhung des Basisdrucks durch das Einbringen einer Trennplatte [7][15]

Zur Anhebung des statischen Drucks an der Basis dienen passive Methoden, die in die Ablösestrukturen eingreifen. In der Untersuchung von Roshko wurde der Basisdruck eines Kreiszylinders durch das Einbringen einer Trennplatte an der Basis angehoben [7]. Der Luftwiderstand wird dadurch reduziert, dass die zweiseitigen Ablösungen durch die Trennplatte in zwei einseitige Ablösungen aufgeteilt und dadurch vollständig von einander entkoppelt werden.

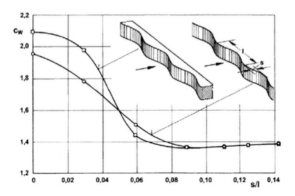

Abbildung 3:   Einfluss der sinusförmigen Vorder-/Hinterkante auf den Widerstande
eines stumpfen Körpers [8][15]

Die großen alternierenden Wirbel, die vorher durch die Wechselwirkung der oberen und unteren Ablösungen entstehen, werden verhindert. Der induzierte Basisdruck wird erhöht und der Luftwiderstand wird folglich reduziert. Eine weitere Möglichkeit zur Unterbindung der Wirbel in den oberen und unteren Scherschichten besteht davon, die Vorder- und/ oder Hinterkante eines stumpfen Körpers wellenförmig zu gestalten [8].

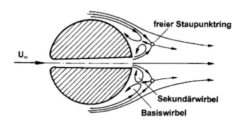

Abbildung 4:   Passive Belüftung des Nachlaufs einer Kugel [9]

Im Experiment von Suryanarayana et al. konnte der Nachlauf einer Kugel durch passive Belüftung beeinflusst werden, wobei die der Basis zugeführte Strömung aus dem Druckunterschied entsteht [9]. Durch einen Kanal zwischen dem vorderen Staupunkt und der Basis wird die angeströmte Luft beschleunigt und ins Totwasser der Kugel geleitet, wobei nur 2 % der Stirnfläche der Kugel für die Durchströmung geöffnet wurden. Der austretende Luftstrom drängt die

Wirbel nach außen ab. In der Nähe der Basis bilden sich Sekundärwirbel. Der negative Einfluss der Wirbel auf den Basisdruck wird geschwächt und folglich sinkt der Luftwiderstand der Kugel. Allerdings erfolgt die Reduzierung des Luftwiderstands in dem Experiment nur im überkritischen Bereich. Im Gegensatz dazu lässt sich der Luftwiderstand im unterkritischen Bereich kaum beeinflussen.

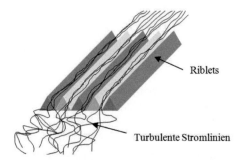

Abbildung 5:   Schematische Darstellung der Stromlinienänderung durch Riblets

Zur passiven Strömungsbeeinflussung sind z.b. die Anwendung von kleinen Rillen, die sog. Riblets, auf dem Tragflügel eines Flugzeugs zu finden. Der Reibungswiederstand wird dadurch reduziert, dass die turbulente Grenzschicht in den Rillen laminarisiert wird. Daraus resultiert eine gesamte Luftwiderstandsreduzierung. In der Untersuchung von Sareen et al. wurde der Luftwiderstand eines Flügels durch die Optimierung der Größe und Position der Rillen um bis zu 5% reduziert. [10].

Die Strömungsbeeinflussung ist auch in der Windkanaltechnik bekannt und gebräuchlich. Als Beispiele der passiven Methode sind die sog. Seiferth-Flügel an den Rändern des Windkanaldüsenaustritts in die Freistrahlmessstrecke zu nennen. Die Seiferth-Flügel bestehen aus kleinen Metallblechen, die an den Rändern des Düsenaustritts montiert werden und deren Geometrie experimentell abgestimmt werden muss. Die großskaligen Turbulenzstrukturen in der Scherschicht an den Düsenrändern werden durch die Seiferth-Flügel zerkleinert. Dadurch wird die Kohärenz der Wirbelstrukturen schwächer. Somit werden die Schwingungen der Scherschicht bei Resonanzfrequenzen im Kanal verringert. Der Freistrahl wird stabilisiert [11]. Allerdings verursachen die kleinen Wirbel

ein hochfrequentes Geräusch. Deswegen sind die Seiferth-Flügel für aeroakustische Messungen aufgrund ihres hohen Eigengeräusches nicht geeignet [12].

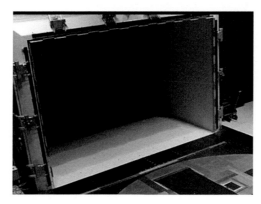

Abbildung 6:   Die Düse mit Seiferth-Flügel von IVK/FKFS-Windkanal [13]

In der Formel-1 sind viele Strömungsbeeinflussungsmaßnahmen zur Reduzierung des Luftwiderstands bzw. zur Erhöhung des Fahrzeugabtriebs zu finden.
Besonders erwähnenswert sind die sog. F-Schacht (eng: F-duct) -Systeme, die in
den vergangenen Jahren viele Diskussionen hervorriefen.

Interessant ist, dass die Funktion der F-Schacht-Systeme zur Verbesserung
der aerodynamischen Eigenschaften der Rennwagen nicht auf das Verhindern
der Ablösung beruht. Im Gegensatz dazu wird die Ablösung bei der Fahrt gezielt erzeugt und genutzt. Da es nicht erlaubt war, das System zur Strömungsbeeinflussung bei der Fahrt durch den Fahrer aktiv zu steuern, entwickelte das
Team von Mercedes das F-Schacht-System im Frontflügel zur passiven Beeinflussung. In Abbildung 7 wird die Funktionsweise des F-Schacht-Systems anhand der Zeichnung von Piola dargestellt [14]. Wenn die Geschwindigkeit des
Rennwagens auf der Geraden ausreichend groß ist, übersteigt der Staudruck an
der Front einen bestimmten Wert. In diesem Fall wird ein Ventil im oberen Teil
der Nase geöffnet. Die Luft strömt durch die Nase bis zum Frontflügel. Am
Austritt der Luft an der Unterseite des Flügels löst die Strömung ab. Theoretisch
wird die ursprüngliche Strömungsgeschwindigkeit unter dem Unterboden
verringert. Daraus resultiert eine Luftwiderstandsreduzierung [14]. Im Gegensatz zum aktiven F-Schacht-System (vgl. Kapitel 2.2), kann die Strömung bei
der passiven Beeinflussung nicht an unterschiedlichen Strömungssituationen

angepasst werden. Es besteht das Risiko, dass der Rennwagen aufgrund des Abtriebsverlusts auf der Vorderachse bei der Fahrt durch eine Kurve ausbrechen kann.

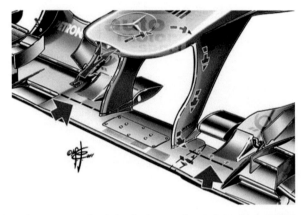

Abbildung 7:   Strömungsverlauf durch das passive F-Schacht-System im Frontflügel
[14]

Eine Reihe von experimentellen Maßnahmen wurde von Hucho zusammengestellt [15]. Bei den passiven Methoden wird die Widerstandsminderung durch einfache Modifikation des Körpers erzielt. Allerdings kann die optimale Wirkung nur unter Auslegungsbedingungen erreicht werden. Ein weiterer Nachteil passiver Methoden in der Automobilaerodynamik ist der oft erhebliche und inakzeptable Eingriff in das Fahrzeugdesign. Auch Sicherheitsaspekte führen dazu, dass viele passive Maßnahmen, wie z. B. die Trennplatte, an Kraftfahrzeugen keine Aussicht auf Realisierung haben. Wegen dieser Nachteile steht die passive Beeinflussung nicht mehr im Vordergrund des Forschungsinteresses.

2.2   Aktive Methoden

Im Gegensatz zu den passiven Methoden zeichnen sich die aktiven Methoden durch hohe Flexibilität aus. Einen Überblick über die aktive Strömungsbeeinflussung in den verschiedenen Anwendungsbereichen gibt das Fachbuch von Gad-el-Hak. [16].

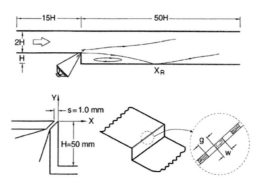

Abbildung 8:   Schematische Darstellung des Versuchsaufbaus [17]

Die Beeinflussbarkeit der abgelösten Strömung kann durch die Veränderung der Strukturen des Nachlaufs dargestellt werden. Eine Verkürzung der
Wiederanlegelänge bedeutet die frühere Wiederanlage der Strömung nach der
Ablösung. Zur aktiven Beeinflussung der abgelösten Stufenströmung wurde
eine monofrequente akustische Anregung an einer Stufe in der Untersuchung
von Chun et al. verwendet. Der Aktuator wurde durch einen Lautsprecher, der
an der Ablösekante eingebauten wurde, realisiert. Die Ablöseblase der Stufenströmung wurde durch die Verstärkung der Instabilitäten der Scherschicht verkleinert [17]. Allerdings wurde die Widerstandsänderung der Stufe nicht erwähnt. In Abbildung 8 wird der Versuchsaufbau skizziert.

Erwähnenswert sind die Untersuchungen zur aktiven Belüftung von
Bearman, die ein wichtiger Beitrag im Bereich der aktiven Strömungsbeeinflussung sind [18][19]. In Abbildung 9 sind die Messergebnisse zusammengestellt. Die Luft aus der Umgebung wird mit Hilfe von zwei seitlichen Geblä-
sen in das Modell eingelassen. Anschließend wird diese Luft durch die poröse
Basis des Modells in den Nachlauf ausgeblasen, wobei aufgrund der geringen
Geschwindigkeit des Luftstrahls der zusätzliche Impuls vernachlässigt werden
darf. Dadurch wird der Nachlauf eines 2D-Modells durch eine aktive Belüftung
beeinflusst. In der Nähe der Basis werden die Wechselwirkungen zwischen den
beiden Scherschichten des 2D-Modells durch die austretende Luft unterbunden.
Die Bildung der großen Wirbel wird nach stromabwärts verlagert. Somit wird
der Basisdruck durch die aktive Belüftung angehoben und der Luftwiderstand
des 2D-Modells erfolgreich reduziert.

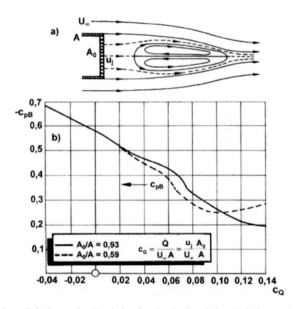

Abbildung 9:   Erhöhung des Basisdrucks durch die aktive Belüftung eines Totwassers
                   [18][19][15]

Im Experiment von Kim et al. wurde eine Anregungsstrategie für die variablen Amplituden in der Spannweite vorgestellt [20]. Die an den oberen und unteren Hinterkanten eines 2-dimensionalen stumpfen Körpers angebrachte Anregung ist stationär. Allerdings haben die Amplituden der Anregung eine sinusförmige Verteilung über die Spannweite, wobei die positiven Amplituden durch das Ausblasen und die negativen durch das Absaugen realisiert wurden (Abbildung 10). Durch Unterdrückung der Wirbelbildung in der Ablösung wurde eine Widerstandsreduktion erzielt. Diese Ergebnisse wurden mit der dazugehörigen numerischen Simulation durch das Large Eddy Verfahren bestätigt [20].

Die aktive Methode wurde im Experiment von Krentel et al. zur Beeinflussung des Nachlaufs eines 3-dimensionalen Ahmed-Körpers getestet [21]. Der sog. Ahmed Körper wurde von Ahmed et al. zur Darstellung des Einflusses der Heckform auf die wesentlichen Wirbelstrukturen vorgestellt [22]. Zwei Konfigurationen- ein Fließheck mit einem Heckneigungswinkel von 25° und ein Vollheck- wurden untersucht und sind in Abbildung 11 dargestellt.

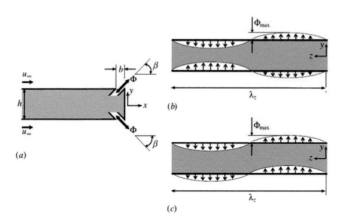

Abbildung 10: Schematische Darstellung der spannweitigen Verteilung der Anregungsamplitude an den Hinterkanten eines 2D-Modells (a) Seitenansicht (b) Heckansicht: gegenphasige Anregung (c) Heckansicht: gleichphasige Anregung [20]

Drei Schlitze an den Hinterkanten des Fließhecks (P1, P2 und P3) sind zur
Anregung vorgesehen. Ein periodisches positives Rechtecksignal mit dem
Tastgrad von 50% wurde für die Aktuatoren generiert. Zusätzlich sind zwei
Öffnungen (S1) für das stationäre Ausblasen der Luft, deren Richtung senkrecht
zur Außenströmung ist, an den Ecken des Daches vorhanden. Das beste Ergeb-
nis wurde erzielt, wenn ausschließlich die Aktuatoren an der oberen Hinterkante
aktiviert wurden. Der Luftwiderstandsbeiwert wurde um 5,7 % reduziert. Ein
Netto-Leistungsgewinn von 2,6 % wurde erreicht [21].

Bei der zweiten Konfiguration handelt es sich um einen Ahmed-Körper mit
Voll-Heck. An den Hinterkanten der Basis befinden sich die Kammern für die
Aktuatoren (P1 bis P4). Jede Kammer wird mit der Druckluft verbunden und
kann individuell aktiviert werden. Mit einem Ventil wird ein periodisches positives Rechtecksignal mit dem Tastgrad von 50 % erzeugt. Durch die Schlitze
werden die abgelösten Strömungen an den Hinterkanten beeinflusst. Die Anregungsströmungen an den oberen und unteren Hinterkanten (P1 und P4) richten
sich nach innen. Gleichzeitig sind die seitlichen Anregungen (P2 und P3) ausge-

schaltet. In diesem Fall wurde eine Luftwiderstandsreduzierung von 2,2 % erreicht. Der Energiebedarf des Modells sank um 2,1 % [21].

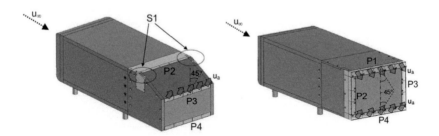

Abbildung 11: Aktive Strömungsbeeinflussung an dem Ahmed-Körper [21]:
(a): Fließheck mit einem Heckneigungswinkel von 25° (b): Vollheck.
P1 bis P4: Anregungskammer für den periodischen Puls. S1: Öffnungen
für das stationäre Ausblasen

Nähert sich ein Freistrahl einer konvexen Oberfläche, haftet der Strahl an
der Oberfläche und folgt deren Kontur. Dieses Verhalten wird als der Coanda
Effekt bezeichnet. In der Untersuchung von Geropp wurde die aktive Methode
mit dem Coanda Effekt kombiniert, um die Querwirbel im Nachlauf eines 2-
dimensionalen Fahrzeugmodells in der Nähe der Basis zu verhindern [23][24].
Die Luft aus der Umgebung wird durch die auf dem vorderen Körper positio-
nierte Öffnung, an der der statische Druck am größten ist, mit Hilfe der aktiven
Mechanismen beschleunigt und in das Totwasser hinter der Basis tangential
geblasen. Die Scherschichten beider Seiten werden von den Strahlen mitgerissen und folgen den gekrümmten Oberflächen. Die beiden Strömungen treffen
sich in die Mitte der Rückseite und bilden einen zusätzlichen Staupunkt. Die 2-
dimensionalen Querwirbel im Nachlauf werden somit verhindert, was zur
Reduktion der Dissipation und folglich zur Erhöhung des Basisdrucks führt.
Diese Methode wurde im Windkanal getestet [25]. In Abbildung 12 wird das
Versuchsmodell dargestellt. Die Verläufe der Strömung werden mit schwarzen
Pfeilen gekennzeichnet. An einem vereinfachten 2-dimensionalen Fahrzeug-
modell wurde eine Widerstandsminderung bis zu 10 % bei Re = $9{,}9 \cdot 10^5$ er-
zielt.

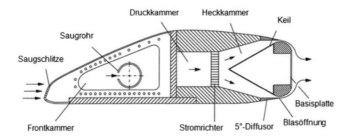

Abbildung 12: Kombination der aktiven Methode mit dem Coanda Effekt zur Beeinflussung des Nachlaufs eins 2-dimensionalen Fahrzeugmodells [25]

Das erste Konzeptauto mit den aktiven Maßnahmen zur Widerstandsreduktion wurde auf dem Genfer Autosalon 2006 von Renault vorgestellt. Der zusätzliche Luftstrom wird mit einem mechanischen System an der Abrisskante des
Hecks in den Nachlauf zugeführt. Durch die Steuerung der Richtung und des
Volumenstroms der austretenden Luft wird der Luftwiderstand bei einer Fahrge-
schwindigkeit von 130 km/h um 15 % reduziert. Der zusätzliche Energieaufwand für die Verwendung externer Energiequellen beträgt 10W [26].

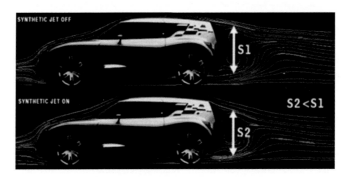

Abbildung 13: Änderung der Strömung im Nachlauf des Konzeptfahrzeugs von Renault durch die aktive Strömungsbeeinflussung [26]

Bei dem aktiven F-Schacht (eng: F-duct) in der Formel-1-Technik handelt
es sich um ein System zur Erhöhung der maximalen Geschwindigkeit durch die
gezielte Ablösung am Heckflügel des Rennwangens, wobei die Piloten die

zusätzliche Ablösung während der Fahrt steuern können [27]. Bei der Fahrt tritt Luft durch eine kleine Öffnung an der Nase des Rennwagens in das Cockpit ein. Dort befindet sich eine Öffnung für den Austritt der Luft. Die Lüftung kann den Fahrer mit frischer Luft zur Kühlung versorgen. Verschließen die Piloten bei Geradeausfahrt die Öffnung, wird die Luft durch einen Kanal bis zum Heckflügel geleitet und führt dort die Strömungsablösung herbei. Abtrieb und Widerstand werden durch die Ablösung vermindert und eine höhere maximale Geschwindigkeit wird erzielt. In diesem Fall ist die Ablösung erwünscht und kann von den Fahrern aktiv gesteuert werden. In Abbildung 14 werden die möglichen Stromlinien des aktivierten F-Schacht-Systems mit Strichlinien gekennzeichnet [28]. Allerdings wurden die aktiven F-Schacht-Systeme aus Sicherheitsgründen verboten [29].

Abbildung 14:   Die möglichen Stromlinien durch das aktivierte F-Schacht-System [28]

Die Anwendung der aktiven Strömungsbeeinflussung ist in modernen Fahrzeugwindkanälen häufig zu sehen. Um den unerwünschten Einfluss der Düsen- und der Bodengrenzschicht auf Widerstandsmessungen an Fahrzeugen zu minimieren, verfügen viele Windkanäle über Vorrichtungen zum Ausblasen und Ansaugen von Luft vor und in der Messstrecke, wie beispielsweise die Windkanäle vom IVK (vgl. Kapitel 4.1.2). Mit diesen aktiven Maßnahmen werden die Dicke der Grenzschicht und deren Wechselwirkung mit dem Fahrzeug verringert.

3 Strömungsablösung und Instabilität

In diesem Kapitel werden die wesentlichen strömungsmechanischen Grundlagen erläutert, die als theoretisches Fundament der vorliegenden Arbeit dienen. Zuerst werden die zugrundeliegenden Strömungsphänomene in Abschnitt 3.1 beschrieben, die im Nachlauf eines stumpfen Körpers auftreten. Anschließend werden bereits veröffentlichte Modelle von abgelösten Strömungen in Abschnitt 3.2 vorgestellt. Diese Modelle widmen sich einer tendenziellen Vorhersage über die Entwicklung der Strömungsstrukturen. Die Theorie der strömungsmechanischen Instabilitäten, die in Abschnitt 3.3 behandelt wird, bietet die Möglichkeit, die physikalischen Zusammenhänge zwischen der Luftwiderstandsänderung und den angeregten Schwingungen der instabilen Strömung zu erklären.

3.1 Strömungsphänomene der Ablösung

Die Ablösung ist ein wichtiger Begriff der Aerodynamik, die eine Reihe von relevanten Strömungsphänomenen umfasst. Bei Ablösung kommt es zur Ausbildung einer freien Scherschicht, durch die die Strömung mit niedriger Geschwindigkeit im Ablösegebiet von der i.d.R als reibungslos zu betrachtenden Hauptströmung getrennt wird. Im Folgenden werden die Ablösung und die Scherschicht näher beschrieben.

3.1.1 Ablösung

An bestimmten Stellen kann die Strömung der Körperkontur nicht folgen und löst sich von der Oberfläche ab. In den Ablösegebieten ist das Fluid stark verwirbelt und anscheinend zeitlich und räumlich ungeordnet [15]. Die Geschwindigkeit in diesem Bereich ist so niedrig, dass das Gebiet als Totwasser bezeichnet wird. Die Schicht, die das Totwasser einrahmt, wird als Scherschicht bezeichnet, da sie durch die Reibung zwischen zwei Parallelströmungen mit unterschiedlichen Geschwindigkeiten entsteht. Auch bei nominell 2-dimensionalen Körpern ist die abgelöste Strömung immer 3-dimensional. Dies liegt in der Natur der Turbulenz [30]. Aus der instationären Bewegung des Fluids in der Ablöseblase resultieren oszillierende Kräfte, die die Stabilität des Körpers beeinflussen.

Im Allgemeinen lassen sich zwei Arten der Ablösungsentstehung unterscheiden. Zum einen ist dies die Grenzschichtablösung, die sich bei hinreichend großem positiven Druckgradienten ergibt (druckinduzierte Ablösung). Zum anderen gibt es die durch die Geometrie bedingte Ablösung (forminduzierte Ablösung), wie beispielsweise die Ablösung an einer scharfen Hinterkannte eines Körpers.

Gegen den zunehmenden statischen Druck, der von der Außenströmung aufgeprägt wird, strömt die Grenzschicht entlang der Kontur eines Köpers. Wenn die Fluidteilchen im wandnahen Bereich der Grenzschicht nicht ausreichende kinetische Energie besitzen, um einen starken Druckanstieg zu überwinden, kehren die Teilchen ihre Strömungsrichtung um. Dabei löst die Grenzschicht sich von der Kontur ab. Die verschwindende Wandschubspannung τ_w an der Ablösungsstelle, die durch den Geschwindigkeitsgradient an der Wand $\left(\frac{du}{dy}\right)_{y=0} = 0$ charakterisiert ist, wird von Prandtl als das Kriterium für die Ablösung definiert [30].

Der Zustand der Grenzschicht beeinflusst die Stelle der Ablösung. Bei den turbulenten Grenzschichten sorgen die intensiven Querbewegungen der Fluidteilchen für einen stärkeren Impulsaustausch im wandnahen Bereich. Die Dissipation der kinetischen Energie wird teilweise kompensiert. Dadurch wird die Widerstandsfähigkeit gegen die Ablösung erhöht. Im Gegensatz dazu ist die laminare Grenzschichte empfindlicher gegen ansteigenden Druck, und löst vergleichsweise schneller ab als die turbulente Grenzschicht. Basierend auf dieser Erkenntnis wird die Grenzschicht durch die künstliche Änderung ihres Zustands beeinflusst, um die Ablösung nach hinten zu verlagern. Ein Beispiel dafür ist die Anwendung des Stolperdrahts im laminaren Grenzschichtbereich eines querangeströmten Zylinders [31]. Dadurch wird eine turbulente Grenzschicht erzeugt, die der Ablösung länger widerstehen kann. Die Widerstandsreduzierung wird durch Verkleinerung des Ablösegebiets und durch Erhöhung des Basisdrucks erreicht.

Bei der Ablösung an einer scharfen Kannte wird die Ablösestelle dagegen durch die Geometrie des Körpers definiert. Wenn die Strömung dem hinteren

Teil eines Körpers nicht mehr folgen kann, der mit scharfen Kanten endet, löst sie sich an den Kannten ab. Die Reynolds-Zahl der Anströmung kann den Ort der Ablösung nicht beeinflussen, sondern nur den Mischungsvorgang des Fluids und somit den Druck im Ablösegebiet [15]. Bei der Automobil-Aerodynamik überwiegen die Ablösungen dieser Art, insbesondere am Heck eines Fahrzeugs. Die rückwärtsgewandte Stufe, deren Ablösestelle durch die Geometrie der Stufe festgelegt wird, ist eine der am häufigsten untersuchten Konfiguration.

Bei der Ablösung entstehen in der Strömung Wirbel, die den Energieverlust und die Schwingungen induzieren. Aus diesem Grund hängen die aerodynamischen Eigenschaften eines Körpers stark von seiner Ablösung ab. Die gezielte Beeinflussung der Ablösung zur Optimierung des Luftwiderstands ist eine wichtige Aufgabe der Aerodynamik.

3.1.2   Scherschicht

Die freie Scherschicht ergibt sich als Folge der Ablösung, weil sich die Strömung in der Ablöseblase mit niedriger Geschwindigkeit durch die Scherschicht von der ungestörten Außenströmung trennen muss. Die Scherschicht ist instabil und empfindlich gegen Störungen von außen. Auf Basis dieser Eigenschaft lässt sich die Scherschicht gezielt beeinflussen, um die Ablösung eines Körpers zu kontrollieren. Im Folgenden werden der Entwicklungsprozess und die Strukturen der 2-dimensionalen Scherschicht vorgestellt.

Zwei parallele Strömungen mit unterschiedlichen Geschwindigkeiten u_1 und u_2 treffen sich am Ort S. Angenommen werde beide Strömungen mit rechteckigem Geschwindigkeitsprofil. Aufgrund der Reibung des Fluids bildet sich im Zwischenbereich eine Scherschicht aus, deren Geschwindigkeit von u_1 bis zu u_2 sanft übergeht. Der Vorgang der Entwicklung einer 2-dimensionalen Scherschicht wird in Abbildung 15 skizziert.

Die Scherschicht ist strömungsmechanisch instabil, weil ihr Geschwindigkeitsprofil stets einen Wendepunkt besitzt [32]. Durch eine kleine Störung quer zur Strömungsrichtung werden die beiden Strömungen an der Trennfläche von ihren neutralen Lagen abgelenkt. Die dadurch induzierte Druckverteilung auf der Ober- und Unterseite motiviert die Amplitude der Störwelle sich weiter zu vergrößern. Die Trennfläche breitet sich mit zunehmender Entfernung vom

Treffpunkt zu einem Übergangbereich aus. Dieser Bereich wird als Scherschicht definiert. In der freien Scherschicht dominieren großskalige Querwirbel, deren Erscheinungsformen von der Reynolds-Zahl abhängig sind. Diese organisierten Querwirbel werden als die kohärente Wirbelstruktur bezeichnet (Abbildung 16). Die Scherschichtausbreitung wird hauptsächlich vom Wachstum der kohärenten Querwirbelstrukturen bedingt [33].

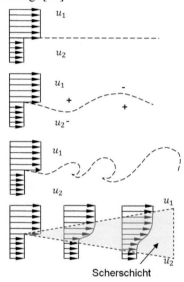

Abbildung 15: Schematische Darstellung der Entwicklung einer 2-dimensionalen Scherschicht, nach [15]

Die kohärenten Querwirbelstrukturen sind quasi-zweidimensional. Kurz nach dem Entstehungspunkt entwickeln die Amplituden der Wirbel nahezu linear [34]. Durch die Querbewegungen in den Wirbeln wird Fluid außerhalb der Scherschicht aufgenommen und stromab transportiert.

Abbildung 16: Kohärente Querwirbelstrukturen einer freien Scherschicht bei $Re = 10^7$ und $R = \frac{u_1 - u_2}{u_1 + u_2} = 0{,}45$, Foto von Konrad [35]

Die Dynamik der Querwirbel ist mit einem Energietransport eng verbunden. Der Zusammenhang zwischen den Formen der bewegenden Wirbel und dem Prozess der Energieübertragung wurde von Browand und Ho erklärt [36]. Bei elliptischen Wirbelstrukturen, wie in Abbildung 17a illustriert, resultiert aus der Geschwindigkeit der Hauptströmung und der Querströmung eine positive Reynoldsspannung ($-\overline{uv}$). In diesem Fall wird die Energie von der Hauptströmung in die Fluktuation transportiert. Umgekehrt, fließt Energie aus die Fluktuation in die Hauptströmung, wenn die Reynoldsspannungen der Wirbel negativ sind (Abbildung 17b).

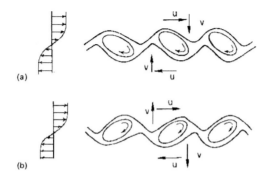

Abbildung 17:   Mechanik der Wirbelbewegung [36]

Anhand von Abbildung 18 wird der wesentliche Prozess bei der Entwicklung der Wirbel in der Scherschicht erläutert. Beim natürlichen Zustand wird die Aufrollung periodisch angeordneter Wirbel in freier Scherschicht durch die sog. Kelvin-Helmholtz-Instabilität angetrieben [37][38]. Im Anfangsbereich ist die Scherschicht linear instabil. Dort wächst eine Störwelle mit der Frequenz ω_f exponentiell an [35]. Mit der Entwicklung der Einzelwirbel verschmelzen sich jeweils zwei aufeinander folgende Wirbel zu einem sekundären Wirbel, dessen Wellenlänge etwa doppelt so groß wie die Kelvin-Helmholtz-Wellenlänge ist [39]. Dieser Vorgang wird als Wirbelpaarung genannt. Das Wachstum der Scherschichten wird nicht nur durch die Aufrollung der Einzelwirbel, sondern vielmehr durch die Wirbelpaarung bestimmt [39].

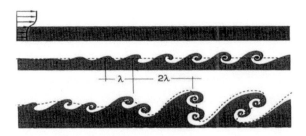

Abbildung 18: Entwicklung der Wirbel in der Scherschicht unter der Kelvin-Helmholtz-Instabilität [39]

Neben den 2-dimensionalen Querwirbeln, die von der Kelvin-Helmholtz-
Instabilität geprägt sind, lassen sich sekundäre 3-dimensionale Längsstrukturen
in abgelösten Strömungen identifizieren. Im transitionellen Nachlauf eines Zylinders wurden zwei Erscheinungsformen der Längsstrukturen in Abhängigkeit
von der Reynolds-Zahl von Brede et al. beobachtet, die jeweils als A- und B-
Mode von den Autoren benannt wurden [40].

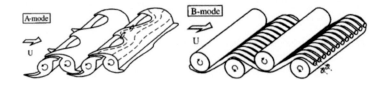

Abbildung 19: 3-dimensionale Strukturen im Zylindernachlauf links: A-Mode, rechts:
B-Mode [40]

In Abbildung 19 werden beiden Moden schematisch dargestellt. Die Wirbelstruktur der A-Mode hat eine „zungenförmige" Verteilung, die überwiegend
bei niedrigen Reynolds-Zahlen erscheint [40]. Die sekundären Längswirbel
werden von dem querliegenden Kármán-Wirbel induziert und wickeln sich um
den nachfolgenden Querwirbel ein. Jedes Paar der Längswirbel in der Spannweite hat eine entgegengesetzte Drehrichtung. Da sich die aufeinanderfolgenden
primären Kármán-Wirbel in alternierende Richtungen drehen, wechseln die
Spitzen der „Zunge" entsprechend ihren vertikalen Positionen. Die Wellenlänge
der sekundären Längswirbel beträgt ca. 3/4 der der primären Wellenlänge der

Kármán-Wirbel. Eine ähnliche Struktur wie die A-Mode in freien Scherschichten wurde von Pierrehumbert und Widnall experimentell und analytisch bestätigt [41].

Bei größeren Reynoldszahlen sind die Wirbelstrukturen der B-Mode zu beobachten [40]. Die stabförmigen Längswirbel erstrecken sich von der Unterseite eines querliegenden Kármán-Wirbels zur Oberseite des nächsten Querwirbels. Die sekundären Wirbelpaare haben eine entgegengesetzte Rotation, deren Drehrichtung im Gegensatz zur A-Mode sich nicht bei den alternierenden primären Kármán-Wirbeln ändert. Die Entwicklung sekundärer Längswirbel ist anscheinend unabhängig von den primären Querwirbeln, da dazwischen kein klarer Zusammenhang besteht. In freien Scherschichten wurden vergleichbare Wirbelstrukturen zu der B-Mode von Metcalfe et al. gefunden [42].

Die Scherschicht der abgelösten Strömung hinter einer Stufe stellt einen speziellen Fall $u_2 = 0$ dar. An der Hinterkante einer Stufe löst sich die Strömung ab. Aufgrund der einfache Geometrie und der definierten Ablösungsbedingung zählt die Stufe zu den am häufigsten untersuchten Konfigurationen zur Strömungsbeeinflussung. Eine charakteristische Größe der Stufenströmung ist die Wiederanlegelänge, die die mittlere Länge der Ablöseblase definiert.

Die Wiederanlegelänge x_R ist der Abstand zwischen der Abrisskante der Stufe und der Wiederanlegeposition an der Bodenplatte, an der die Wandschubspannung τ_w verschwindet [43].

$$\tau_w = \eta \cdot \left.\frac{\partial u}{\partial y}\right|_{y=0} = 0 \qquad (3.1)$$

Mit:

η: dynamische Viskosität

u: die Geschwindigkeitskomponente in Strömungsrichtung

y: die Koordinate vertikal zu der Bodenplatte

Bei Rückströmung wird die Wandschubspannung τ_w negativ

Das nahezu ruhende Totwasser unterhalb der Ablösekante wird durch eine Scherschicht von der Außenströmung abgetrennt. In Abbildung 20 wird die Ablösung der Stufenströmung skizziert [44]. Durch die Querbewegungen in den Wirbeln wird Fluid aus dem Totwasser aufgenommen und stromab transportiert.

Unter der Wirbelaufrollung und evtl. Wirbelpaarung breitet sich die Scherschicht aus, bis sie die Bodenplatte erreicht. Danach wird die Strömung im Bereich des Wiederanlegens in zwei Teile aufgeteilt. Ein Teil der Strömung kehrt seine Bewegungsrichtung in die vom Unterdruck beherrschte Ablöseblase zurück, um den durch Ausbreitung der Scherschicht abgesaugten Volumenstrom auszugleichen, während der andere Teil sich weiter stromabwärts von der Wiederanlegestelle bewegt und eine neue Grenzschicht am Boden entwickelt

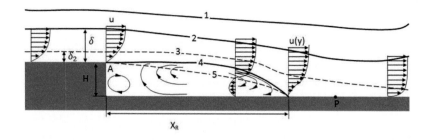

Abbildung 20:   Ablösung der Stufenströmung nach Kottke [44]
1: Außenströmung, 2: Grenzschichtdicke δ, 3: Verdrangungsdicke δ_2,
4: Trennstromlinie, 5: Linie   mit $u = 0$.   A: Ablösungspunkt,
P: Druckmaximum, x_R: Wiederanlegelänge

In Abbildung 21 wird der Einfluss der Grenzschichtdicke an der Ablösekante auf die Entwicklung der Wirbel in der Scherschicht nach Kottke dargestellt [44]. Wenn die Stufenhöhe innerhalb der zähen Unterschicht der Grenzschicht liegt, kann die Stufe als eine Wandrauheit betrachtet werden. Dies kann keine Ablösung hervorrufen. Bei zunehmender Geschwindigkeit bzw. abnehmender Grenzschichtdicke löst sich die laminare Grenzschicht an der Ablösekante ab. Nach dem Wiederanlegen bildet sich wieder eine neue laminare Grenzschicht. Wenn die Grenzschichtdicke weiter abnimmt, ist die Scherschicht vor dem Wiederanlegen turbulent. In diesem Bereich sind nicht nur die 2-dimensionalen Querwirbel, sondern auch die 3-dimensionalen Längswirbel mit Achsen in Strömungsrichtung zu beobachten. Falls die Grenzschichtdicke sehr klein relativ zur Stufenhöhe ist, wird die Scherschicht von Turbulenzen dominiert. Die Wirbel in der Scherschicht sind ungeordnet und lassen sich schwer modellieren [44].

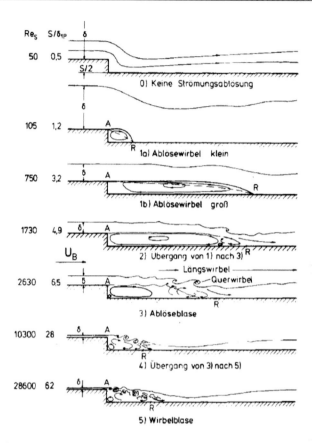

Abbildung 21: Einfluss der Grenzschichtdicke auf der Ablösung der Stufenströmung
[44]

Im Allgemeinen wird die Scherschicht von der Strömungsinstabilität beherrscht. Darauf wird in Kap. 3.3.4 ausführlich eingegangen.

3.2 Modelle von Ablösung

Bei älteren Ablösungsmodellen wurde davon ausgegangen, dass innerhalb des Totwassers keine Bewegung vorhanden war. Auf die Vorgänge im Totwasser und die Wechselwirkungen zwischen dem Ablösegebiet und der Außenströmung wurde nicht eingegangen. Stattdessen wurde das gesamte Ablösegebiet durch einen festen Körper ersetzt, dessen Kontur empirisch festgelegt wird. Diese Vereinfachung beschränkt die Genauigkeit und die Anwendbarkeit der Modelle. Jedoch können die grundlegenden Zusammenhänge zwischen dem Widerstand und der Ablösung dadurch qualitativ richtig wiedergegeben werden. Die Entwicklung der numerischen Strömungsmechanik ermöglicht, die komplexe Strömung um einen stumpfen Körper mit Hilfe eines Hochleistungscomputers zu modellieren. Die detaillierte Darstellung und Beobachtung des Strömungsfelds, sogar entlang einzelner Strömungsfade innerhalb des Ablösegebiets, ist inzwischen möglich. Die numerischen Modelle helfen dabei, die wesentlichen Mechanismen zu verstehen, die für die Dynamik der abgelösten Strömung verantwortlich sind. Im Folgenden werden die Modelle vorgestellt, die in der Vergangenheit zur Aufdeckung der grundlegenden Zusammenhänge zwischen den Ablöseformen und dem Luftwiderstand beigetragen haben.

3.2.1 Modelle der natürlichen Ablösung

Im 2-dimensionalen Modell für die Ablösung der laminaren Anströmung von Chapman wurden die Strömungsbewegungen zum ersten Mal im Totwasser berücksichtigt [15]. Die abgelöste Strömung und die Außenströmung werden durch eine Scherschicht voneinander getrennt, die sich durch die Mischung des Fluids aus dem Totwasser ausbreitet. Aufgrund des Druckunterschieds wird das Fluid aus dem Totwasser abgesaugt. Um den Druck auszugleichen, wird ein Teil des Fluids nach dem Wiederanliegen in das Totwasser zurückgeführt. Zwischen dem abgesaugten Volumenstrom und der Rückströmung stellt sich ein Gleichgewicht ein [45]. So findet die Zirkulation im Totwasser statt.

Im Modell vom Chapman wurde die zirkulierende Bewegung des Fluids im Totwasser dargestellt und das Totwasser wird als ein dynamisches System im Gleichgewicht aufgefasst (Abbildung 22). Bei diesem Modell wurden die wichtigen Strömungsphänomene wie die Ablösung, Scherschicht sowie das Wiederanlegen behandelt. Allerdings weicht das Ergebnis, dass der Basisdruck konstant und von der Geometrie des Körpers im Strömungsfeld nicht abhängig ist, stark von dem Experiment ab. Dies ist auf der Annahme eines verlustfreien Verlaufs der Trennstromlinie in der Scherschicht zurückzuführen.

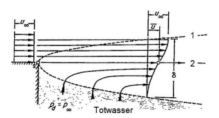

Abbildung 22: Ablösungsmodell von Chapman [45]: Oberhalb der Linie 1: die reibungsfreie Strömung, Linie 2:die Trennstromlinie

Um die Zirkulation in der abgelösten Strömung zu modellieren, wird das Verfahren der diskreten Wirbel im drehungsbehafteten Strömungsfeld verwendet. An der Ablösestelle entsteht das erste Wirbelelement in der Scherschicht, dessen Zirkulation sich durch die Geschwindigkeitsverteilung und die Konvektionsgeschwindigkeit integrieren lässt. Nach dem Zeitintervall Δt folgt das zweite Wirbelelement. Mit der von dem zweiten Wirbelelement induzierten Geschwindigkeit sowie der Konvektionsgeschwindigkeit kann die Position des ersten Wirbelelements nach dem zweiten Zeitintervall ermittelt werden. Schrittweise wird die Entwicklung der Scherschicht dargestellt. Um den Prozess zu konvergieren, wird die Dissipation der Zirkulation berücksichtigt (Abbildung 23).

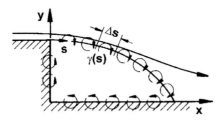

Abbildung 23: Modell der diskreten Wirbel [15]: Wirbelverteilung entlang der freien Scherschicht und der Grenzschicht des Ablösegebiets

Das Verfahren der diskreten Wirbel eignet sich gut für die numerische Umsetzung [46]. Mit diesem Verfahren wurde die Entwicklung der Scherschicht an einer querliegenden Platte von Jaroch und Graham berechnet [47]. Im Bereich der aktiven Strömungsbeeinflussung wurde das Wirbelverfahren zur Regelung der Scherschicht und Nachlaufströmungen in der Untersuchung von Pastoor beigetragen [48].

Die Druckbeiwerte im Totwasser eines stumpfen Körpers haben in verschieden Untersuchungen einen ähnlichen Verlauf. Da die wesentlichen dynamischen Prozesse im Ablösegebiet isoliert sind, lassen sich die Verläufe der Druckbeiwerte wenig von außen beeinflussen. Viele Wissenschaftler bemühten sich darum, eine normierte Funktion zur Beschreibung des universellen Charakters der abgelösten Strömung zu erfassen. Solch eine Funktion ermöglicht, die charakteristischen Größen der abgelösten Strömung tendenziell vorhersagen zu können.

3.2.2   Modelle der beeinflussten Ablösung

Abgesehen von den numerischen Modellen existiert bis jetzt noch kein physikalisches Modell für die angeregte abgelöste Strömung, mit dem deren charakteristischen Größen analytisch berechnet und experimentell überprüft werden können. Jedoch lässt sich anhand zahlreicher experimenteller Untersuchungen zur aktiven Beeinflussung der Stufenströmung der wesentliche Zusammenhang zwischen der angeregten Strömungsinstabilitäten und der Größe des Ablösegebiets erklären. Die 2-dimensionale Scherschicht besteht aus einer Serie von den organisierten periodischen Wirbelstrukturen, die in der Strömungstechnik als kohärente Strukturen bezeichnet werden [49].

Durch kleine externe Störungen, die periodisch in die Scherschicht angebracht werden, entwickeln sich die kohärenten Strukturen der Scherschicht unter der Anregung schneller als im natürlichen Zustand. Die Verbreitung der Mischungszone in der Scherschicht wird beschleunigt und mehr Fluid aus dem Totwasser mitgerissen. Die Zirkulation im Totwasser wird verstärkt. Die Scherschicht liegt früher wieder an und strömt teilweise ins Totwasser zurück, um den abgesaugten Volumenstrom auszugleichen. In zahlreichen Untersuchungen wird die Änderung der Wiederanlegelänge x_R als das Hauptkriterium für die Effektivität der Methoden zur Beeinflussung der abgelösten Strömung angenommen. Ein gemeinsames Ziel der veröffentlichten Untersuchungen ist es, den wesentlichen Zusammenhang zwischen der Wiederanlegelänge x_R und der optimalen Anregungsfrequenz f_a durch eine definierte Schreibweise (Strouhal-Zahl) auf-

zuklären. Dies ermöglicht, den Arbeitsbereich der optimalen Anregungsfrequenz vorherzubestimmen.

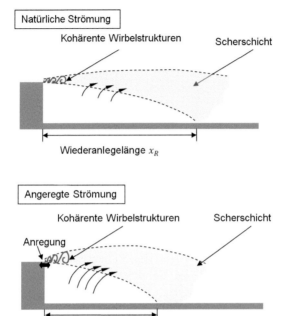

Abbildung 24: Einfluss der Anregung der kohärenten Wirbelstrukturen auf das Wiederanlegen der Scherschicht (schematisch)

Zur Beschreibung der Periodizität der abgelösten Strömung wird eine dimensionslose Frequenz definiert, die als Strouhal-Zahl Sr genannt wird [50].

$$Sr = \frac{fH}{u_\infty} \tag{3.2}$$

Mit:

f: Frequenz der Wirbel
H: die charakteristische Länge
u_∞:   Anströmungsgeschwindigkeit

Die Strouhal-Zahl, die allgemein für die natürlichen und beeinflussten abgelösten Strömungen gilt, ist repräsentativ für den universellen Bereich der optimalen Anregungsfrequenz [51]:

$$1,5 \leq \frac{x_R \cdot f_a}{u_\infty} \leq 2 \qquad\qquad (3.3)$$

Mit:

x_R: Wiederanlegelänge

f_a: Anregungsfrequenz

u_∞:   Anströmungsgeschwindigkeit

Das Hauptziel zur Beeinflussung der abgelösten Strömung eines 2D-Körpers ist,
den Basisdruck anzuheben und folglich den Luftwiderstand des Körpers zu
reduzieren. Die großen Wirbel im Nachlauf des 2D-Körpers, die infolge der
Wechselwirkungen der oberen und unteren Scherschichten entstehen, induzieren
den starken Unterdruck an der Basis. Die Bildung solcher großen Wirbel kann
dadurch verhindert werden, dass die Wechselwirkung zwischen den beiden
Scherschichten durch die Beeinflussung reduziert oder unterbunden wird. Anhand der Zeichnung von Hoerner wird die Wirkung einer Trennplatte hinter
einer quer angeströmten Platte auf die Widerstandsreduzierung erklärt [52].

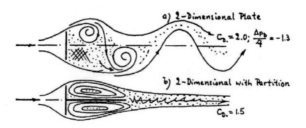

Abbildung 25:   Zeichnung von Hoerner: Widerstandsreduzierung einer quer angeströmten Platte durch Einbringen einer Trennplatte [52]

Wenn die Bildung der großen Wirbel sich nicht vermeiden lässt, sollen die
großen Wirbel durch die aktive Strömungsbeeinflussung so weit stromabwärts
wie möglich von der Basis verlagert werden. Der Einfluss der Wirbel auf der

Basisfläche wird schwächer. Dadurch wird der Basisdruck erhöht. Der Luftwiderstand des Körpers nimmt ab.

Der 2-dimensionale stumpfe Körper wird häufig zur Modellierung des
Vollhecks eines Fahrzeugs oder eines Lastwagens eingesetzt. In den Untersuchungen von Bearman wurde die positive Wirkung des aktiven Ausblasens an
der Basis auf die Widerstandsreduzierung eines 2-dimensionalen stumpfen
Körpers nachgewiesen (Vgl. Kapitel 2.2, Abbildung 9). Der zusätzliche Luftstrom an der Basis mit der konstanten Austrittsgeschwindigkeit wirkt wie eine
Trennplatte, die die Wirbelbildung an der Basis beeinflussen kann [19].

3.3 Strömungsmechanische Instabilitäten

Aerodynamisch angeregte Schwingungen, wie beispielsweise die periodischen
Druckschwankungen eines Körpers infolge der Wirbelbildung in der Scherschicht, können mit Hilfe der strömungsmechanischen Instabilitäten erklärt
werden. Die strömungsmechanische Instabilitätstheorie befasst sich mit der
zeitlichen und räumlichen Entwicklung einer beliebigen Störung in der Strömung. Die Stabilitätseigenschaft eines Systems ist ein Kriterium dafür, ob sich
die Auswirkung einer Störung auf ein strömungsmechanisches System auf
Dauer vermindert oder verstärkt [39].

Die Grundgleichungen zur Stabilitätsanalyse der gestörten Strömung beruhen auf den Navier-Stokes-Gleichungen. Wird die Störgleichung in den Grundgleichungen eingesetzt, ergeben sich die sog. Störungsdifferentialgleichungen.
Angenommen, dass die endlichen Störungen infinitesimal klein sind, dürfen die
nichtlinearen Terme in den Gleichungen vernachlässigt werden [39]. Daraus
resultiert die lineare Stabilitätstheorie, die das instabile Verhalten des strömungsmechanischen Systems beschreibt. Die Berechnung der charakteristischen
Größen des linearen Schwingungssystems stellt ein Eigenwertproblem dar, das
in der Regel nur numerisch lösbar ist.

Um die Störungsentwicklung im Fluid zeitlich und räumlich erfassen zu
können, wird üblicherweise eine künstliche periodische Störwelle mit einer
kleinen Amplitude in das Strömungsfeld eingebracht, deren Amplituden und
Phasen definiert sind. Angenommen ist die kleine Störung eine 3-dimensionale
Welle. Die Geschwindigkeit der Störung lässt sich nach dem Wellenansatz wie

folgt definieren, wobei x mit Strömungsrichtung und y mit Spannweitrichtung zusammenfallen [39]:

$$u'(x, y, z, t) = U(z) \cdot e^{i(\alpha x + \beta y - \omega t)} \tag{3.4}$$

Mit:

$U(z)$: Formfunktion der lokalen Verteilung kleiner Störungen

Komplexe Zahlen: $\alpha = \alpha_r + i\alpha_i$, $\beta = \beta_r + i\beta_i$ und $\omega = \omega_r + i\omega_i$

Realteil α_r: Wellenzahl in x-Richtung

Imaginärteil α_i: die räumliche Anfachungsrate in x-Richtung

Realteil β_r: Wellenzahl in der Spannweite

Imaginärteil β_i: die räumliche Anfachungsrate in der Spannweite

Realteil ω_r: Kreisfrequenz

Imaginärteil ω_i: zeitliche Anfachungsrate der Störwelle.

Die Formfunktion $U(z)$ beschreibt die lokale Verteilung kleiner Störungen. Der Realteil α_r der komplexen Zahl $\alpha = \alpha_r + i\alpha_i$ kennzeichnet die Wellenzahl in Strömungsrichtung, während der imaginäre Teil α_i die räumliche Anfachungsrate in x-Richtung bedeutet. Wenn $\alpha_i < 0$ ist, nimmt die Amplitude der Störwellen in Strömungsrichtung zu. Falls die Amplitude der Störwellen in der Spannweite gleich bleibt, ist die räumliche Anfachungsrate in der Spannweite $\beta_i = 0$. In diesem Fall ist die Wellenzahl β eine reelle Größe. Die komplexe Zahl $\omega = \omega_r + i\omega_i$ beschreibt den zeitlichen Zustand der Störung. Der Realteil ω_r bedeutet die Kreisfrequenz und der imaginäre Teil ω_i die zeitliche Anfachungsrate der Störwelle. Wenn die Wellenzahlen α und β reell und bekannt sind, wird das zeitliche Verhalten des Strömungssystems untersucht. Das System wird als zeitlich stabil charakterisiert, wenn die zeitliche Anfachungsrate $\omega_i < 0$ ist. In diesem Fall klingt die Störung mit der Zeit ab. Beim zeitlich instabilen Zustand gilt $\omega_i > 0$. Die Störung bereitet sich mit der stetig wachsenden Amplitude im System aus. Bei der räumlichen Analyse wird die komplexe Zahl α durch Vorgabe der reellen Zahlen ω und β bestimmt [39].

Die Störwellen fachen sich sowohl zeitlich als auch räumlich an, wenn ω und α gleichzeitig komplex sind. Ob die instabile Strömung zeitlich oder räumlich betrachtet werden soll, hängt von den wesentlichen Mechanismen ab. Bei der absoluten Instabilität findet die Schwingung an der Entstehungsstelle statt.

Die Amplitude der Störwelle wächst mit der Zeit an, bis das System einen selbsterregten Zustand erreicht. In diesem Fall ist eine zeitliche Analyse der Instabilität sinnvoll. Als ein Beispiel ist die instabile Strömung im Nachlauf des querliegenden Zylinders zu nennen. Nach einer Einschwingphase wird die Kármán-Wirbelstraße gebildet, die die absolute Instabilität aufweist [39]. Durch die zeitliche Betrachtung lässt sich die Anfachung der Störung, die am festen Ort stattfindet, gut beschreiben. Im Gegensatz dazu ist die räumliche Entwicklung der Scherschichtinstabilität hinter einer Stufe, die konvektiv instabil ist, für die Beobachtung der angeregten Strömung von großer Bedeutung [39].

Im Folgenden wird die Instabilitätstheorie spezifisch für die Scherschicht vorgestellt. Aus Sicht der Instabilität wird die Beeinflussbarkeit der abgelösten Strömung diskutiert.

3.3.1 Instabilitätstheorie für die Scherschicht

Die lineare Strömungsinstabilitätstheorie ist ein Fachgebiet der Strömungsmechanik, die sich mit der mathematischen Beschreibung eines aerodynamisch angeregten Schwingungssystems beschäftigt.

Bei der Bestimmung der lokalen räumlichen Anfachungsrate handelt es sich um ein Eigenwertproblem in der linearen Stabilitätstheorie. Anhand der gemessenen mittleren Geschwindigkeiten können die Eigenvektoren berechnet werden, die die Verteilung der Störung beschreiben. Bei der maximalen Anfachungsrate stimmt die Frequenz, die mit Hilfe der linearen Stabilitätstheorie ermittelt wird, mit derjenigen, die der höchsten Spitze im Energiespektrum der natürlichen Scherschicht entspricht, gut überein [39]. Jedoch eignet sich die lineare Stabilitätstheorie nur für die kleine Störung in der Anfangsphase der Scherschichten. Danach sind die nichtlinearen Terme in den Bewegungsgleichungen nicht mehr vernachlässigbar, da die Nichtlinearität des Systems einen großen Einfluss auf die Entwicklung der Scherschicht hat.

Das Geschwindigkeitsprofil einer geraden freien Scherschicht wurde von Görtler analytisch berechnet und lässt sich mit der sog. hyperbolisch-tangenten Funktion näherungsweise beschreiben [53]. Mit Hilfe der linearen Stabilitätstheorie wurden die zeitliche und die räumliche Entwicklung kleiner Störwellen in einer 2-dimensionalen Scherschicht von Michalke theoretisch untersucht

[54][55][56]. Die Genauigkeit der mathematischen Methoden wurde durch die gute Übereinstimmung der berechneten mit den gemessenen Eigenfrequenzen des periodischen Aufrollprozesses in der freien Scherschicht bestätigt.

Die Scherschicht besteht aus zwei aufeinander geschichteten Strömungen mit unterschiedlichen Geschwindigkeiten. Die Wirbelformation in der Scherschicht lässt sich von dem Geschwindigkeitsverhältnis beider Strömungen bestimmen. Monkewitz und Huerre berechneten die räumliche Anfachungsrate und Phasengeschwindigkeit kleiner Störung [57]. Die Geschwindigkeitsprofile wurden jeweils als die Lösung der blasiusschen Gleichung für die laminaren Grenzschichtgleichungen einer ebenen Platte und die hyperbolisch-tangente Funktion für die freie Scherchicht in den linearen Stabilitätsgleichungen definiert. Es wurde festgestellt, dass die maximale räumliche Anfachungsrate der Scherschicht annäherungsweise proportional zu dem Geschwindigkeitsverhältnis beider Strömungen ist.

In der Scherschicht sind großskalige 2D-Wirbelstrukturen zu beobachten, deren Entwicklung sich mit der linearen Instabilitätstheorie mathematisch beschreiben lässt. Die Instabilität, die das Aufrollen der 2D-Wirbel antreibt, ist als Kelvin-Helmholtz-Instabilität bekannt. In der Anfangsphase wächst die Amplitude der Wirbel exponentiell an [35]. Nachdem die Amplitude ihre Sättigung erreicht hat, zerfallen die großen Wirbel und dabei wird deren kinetische Energie dissipiert. Dies widerspricht dem unendlichen Wachstum nach der linearen Instabilitätstheorie. Zur Beschreibung des weiteren Verlaufs wird die lineare Theorie dadurch auf die nichtlineare Instabilitätsanalyse so erweitert, dass die nichtlinearen Terme zur Dämpfung in den Navier-Stokes-Gleichungen berücksichtigt werden. Die Untersuchungen von Zhou und You widmen sich der Modellierung des nichtlinearen instabilen Strömungssystems [58].

Im Allgemeinen verläuft die Scherschicht entlang einer Krümmung. Neben der Kelvin-Helmholtz-Instabilität wird die Ausbreitung der primären Wirbelstrukturen in der gekrümmten Scherschicht zusätzlich von der Zentrifugal-Instabilität bestimmt. Die Zentrifugal-Instabilität wurde von Rayleigh für die Spaltströmung zwischen konzentrischen rotierenden Zylindern hergeleitet [59]. Nach dem Rayleigh-Kriterium ist eine reibungslose inkompressible Strömung dann instabil, wenn der Drehimpuls mit zunehmendem Radius kleiner wird. Die mathematische Form des Rayleigh-Kriteriums wurde von Synge erfasst [60]:

$$\frac{d(U^2 R^2)}{dR} < 0 \qquad\qquad (3.5)$$

Mit:

ρ: Strömungsdichte
R: Radius der Krümmung
U: Umfangsgeschwindigkeit

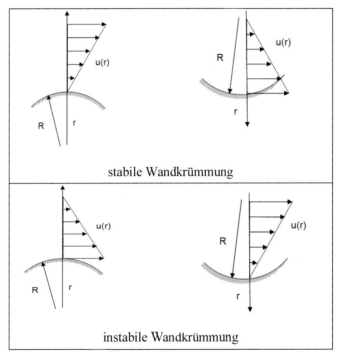

Abbildung 26:   Stabile und instabile Wandkrümmung nach Saric [61]

Anschaulich wird der Einfluss der Wandkrümmung auf die Instabilität der Strömung nach Saric in Abbildung 26 skizziert [61]. Eine kleine Störung bewegt sich auf einer gekrümmten Trennfläche (r_1) zwischen zwei Strömungen mit unterschiedlichen Geschwindigkeiten ($U_1 > U_2$). Der Mittelpunkt der Krümmung liegt auf der Hochgeschwindigkeitsseite. Durch die Störung wird ein Fluidteilchen auf eine weiter außen liegende Schicht (r_2) verlagert. Unter Beibehaltung seines Drehimpulses (mru) besitzt dieses Teilchen eine neue Umfangsgeschwindigkeit $u(r_1) \cdot r_1/r_2$. Daraus ergibt sich die Zentrifugalkraft $F = m \cdot (u(r_1) \cdot r_1/r_2)^2/r_2$, die auf das radial verlagerte Teilchen wirkt. Im Vergleich dazu ist die ursprüngliche Zentrifugalkraft auf der ungestörten Spur $F_0 = m \cdot u(r_2)^2/r_2$. Wenn $u(r_1) \cdot r_1/r_2$ mit r schneller als $u(r_2)$ fällt, resultiert daraus ein Zentrifugalkraftüberschuss. Dies lässt das verlagerte Teilchen noch weiter von seiner Spur abweichen. Eine solche Krümmung wird als instabil bezeichnet [39].

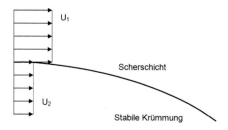

Abbildung 27:   Stabile Krümmung der Scherschicht nach der Zentrifugal-Instabilität

Im Allgemeinen wird das Totwasser durch eine gekrümmte Scherschicht von der Außenströmung getrennt. Der Krümmungsmittelpunkt der Scherschicht liegt im Bereich des Totwassers, dessen Geschwindigkeit deutlich kleiner ist als an der Außenseite der Krümmung (Abbildung 27). Nach dem Rayleigh-Kriterium wird eine kleine Störung in der gekrümmten Scherschicht im Vergleich zu der geraden Scherschicht stabilisiert. Auf diese Weise wird die Kelvin-Helmholtz-Instabilität der kleinen Störung in der gekrümmten Scherschicht der Stufenströmung teilweise von der Zentrifugal-Instabilität kompensiert.

Wie es bereits im Kapitel 3.1.2 erwähnt wurde, sind sowohl die 2D-Querwirbel als auch die 3D-Längsstrukturen in der Scherschicht der Stufenströmung zu beobachten. Die Kelvin-Helmholtz-Instabilität ist der Antrieb für das Aufrollen der 2D-Querwirbel. Darüber hinaus entstehen 3D-Längswirbel unter der Sekundärinstabilität, die auf der Primärinstabilität basieren [62]. Die Beeinflussbarkeit der Wirbelstrukturen wird vor allem von den Instabilitäten bestimmt. Darauf wird im nächsten Abschnitt näher eingegangen.

3.3.2 Beeinflussbarkeit der instabilen Strömung

Die Instabilitätstheorie ermöglicht ein tiefes Verständnis der Dynamik und der Evolution der Scherschicht. Die Kenntnis des instabilen Verhaltens ist für die aktive Beeinflussung einer Scherschicht von grundlegender Bedeutung. Der wesentliche Teil des Druckverlusts in einer Scherschicht wird durch solche großskalige kohärente Strukturen, die typischerweise durch das Wirbelaufrollen und die Wirbelpaarung entstehen, hervorgerufen. Die aktive Strömungsbeeinflussung beruht i. W. darauf, dass sich die Entwicklung einer Scherschicht durch die Kontrolle der kohärenten Strukturen beeinflussen lässt. Zum Beispiel kann die Ausbreitung einer Scherschicht durch das Unterdrücken des Wirbelaufrollens verringert werden. Andererseits kann der Mischungsvorgang durch das Vergrößern der kohärenten Strukturen im Ablösegebiet begünstigt werden.

Der räumliche Charakter einer Störung in der abgelösten Strömung, ob es sich um die konvektive oder die absolute Instabilität handelt, hat einen großen Einfluss auf die Effektivität der Beeinflussungsmaßnahmen. Bei der konvektiven Instabilität wächst eine eingebrachte Störung zwar exponentiell an, wird aber gleichzeitig von der Strömung stromab fortgeschwemmt. Die Störung klingt am Ort der Entstehung ab und verschwindet nach gewisser Zeit im ganzen System [39]. Die Beeinflussung der konvektiven Instabilität ist dann effektiv, wenn sich eine andauernde Anregung in der Nähe des Entstehungsorts befindet. Da durch die Konvektion die Energie zur Anregung im System weiter transportiert werden kann, deckt die Beeinflussung der konvektiven instabilen Strömung einen großen Bereich ab.

Im Gegensatz zur konvektiven Instabilität verstärkt sich die Amplitude der Störung unter der absoluten Instabilität am festen Ort. Die Störwelle breitet sich sowohl stromabwärts als auch stromaufwärts aus, sobald das System einen selbsterregten Zustand erreicht [39]. Theoretisch wird die Anregung nur einmal benötigt, um die absolut instabile Strömung zur Selbstanregung zu bringen. Allerdings wird eine Daueranregung in der Praxis verwendet, um die Dissipation der kinetischen Energie in der abgelösten Strömung zu kompensieren. Werden die aktiven Beeinflussungsmaßnahmen in den absolut instabilen Gebieten vorgenommen, kann die größte Wirkung mit dem geringsten Energieverbrauch auf das gesamte Strömungsfeld erzielt werden. Aus dieser Überlegung ist es sinnvoll, das zeitliche und räumliche Verhalten einer Störung bei der

Auslegung einer Methode zur Strömungsbeeinflussung zu analysieren und somit das Strömungsfeld zum absolut instabilen Zustand anzuregen. Dabei zu beachten ist, dass sich die Systemschwingung unkontrollierbar ausbreiten kann, wenn die absolute Instabilität zu einem Quasi-Resonanz-Zustand führt. Dies kann die dynamischen Eigenschaften des sich in der Strömung befindenden Körpers verändern.

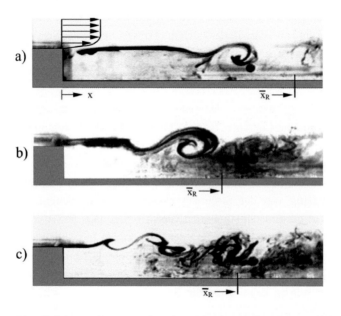

Abbildung 28: Sichtbarmachung   mit   Rauchsonde   bei $Re_H = 2980$ [63]: (a) unbeeinflusste Strömung, (b) Anregung mit Instabilitätsfrequenz der Scherschicht, (c) Anregung mit 2-facher Instabilitätsfrequenz der Scherschicht $\bar{x}_R$: die mittle Wiederanlegelänge

Als ein Beispiel zur Beeinflussung der konvektiven Instabilität ist die Untersuchung zur Anregung der Scherschicht hinter einer Stufe von Huppertz zu nennen [63]. Durch Einbringung der kleinen monofrequenten Störungen an der Ablösekante der Stufe, deren Frequenz der Eigenfrequenz der Kelvin-Helmholtz-Instabilität entspricht, wird eine signifikante Verkürzung der Wiederanlegelänge erzielt. Die Wiederanlegelänge wurde bei tangentialer Anregung in Hauptströmungsrichtung und einer Anregungsamplitude, die der Stärke der

Anströmung entspricht, um 65% reduziert [63]. Obwohl in der Untersuchung von Huppertz keine Aussage über die direkte Auswirkung der aktiven Anregung auf den Basisdruck bzw. den Luftwiderstand der Stufe gemacht wurde, ist diese Untersuchung für die Aerodynamik im Flugzeugbau sowie im Automobilbau von großer Bedeutung, da die aerodynamischen Eigenschaften eines Flugzeugs bzw. eines Fahrzeugs durch die Modifikation der Ablösung gezielt verändert werden können.

In der Scherschicht wird die Formation der kohärenten Wirbelstrukturen durch periodische Störungen unterstützt. In Abbildung 28 werden die kohärenten Wirbelstrukturen mit Hilfe der Rauchsonde sichtbar gemacht. Wenn die Anregungsfrequenz der Instabilitätsfrequenz entspricht (Abbildung 28b), wird die Querwirbel in der Scherschicht im Vergleich zum unbeeinflussten Fall (Abbildung 28a) verstärkt. Bei nahezu 2-facher Instabilitätsfrequenz ist eine Wirbelpaarung zu beobachten (Abbildung 28c). Zwei Querwirbel verschmelzen zu einem größeren Querwirbel, der einen großen Druckverlust induziert [63].

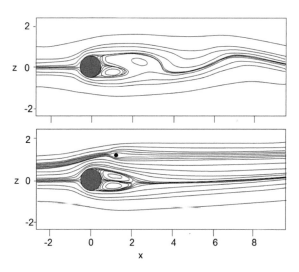

Abbildung 29: Beeinflussung der absoluten Instabilität des Nachlaufs eines querliegenden Zylinders, nach Oertel [64]

Ein Beispiel zur Nutzung der absoluten Instabilität des Nachlaufs wird anhand der numerischen Untersuchung zur Beeinflussung des Nachlaufs eines querliegenden Zylinders von Oertel und Hannemann erläutert [64]. Die Nachlaufstruktur eines Zylinders ist abhängig von der Reynolds-Zahl. Beim Überschreiten einer kritischen Reynolds-Zahl bilden zwei Reihen von gegenläufig rotierenden Wirbeln im Nachlauf die Kármán-Wirbelstraße. Die zeitlich und räumlich periodischen Wirbel induzieren den Druckverlust an der Basis, der für einen hohen Druckwiderstand des Körpers sorgt. Durch Positionieren eines Störzylinders an einer Stelle im Nachlauf, an der die Strömung absolut instabil ist, kann die Bildung der Kármán-Wirbelstraße verhindert werden (s. Abbildung 29). Mehr Forschungsbeispiele zur aktiven Strömungsbeeinflussung sind im Buch von Gad-el-Hak zu finden [2].

4 Versuchstechnik

In diesem Kapitel werden die Windkanäle, die für die experimentellen Untersuchungen zur Verfügung standen, die verwendete Messtechnik sowie der Versuchsaufbau beschrieben.

4.1 Windkanäle am IVK

Die Untersuchungen zur Anregung der Ablösung hinter der Stufe wurden im modifizierten Kühlerblaskanal des Instituts für Kraftfahrzeugwesen an der Universität Stuttgart (IVK) durchgeführt. Der Kühlerblaskanal war ursprünglich für die Druckverlustmessung an Kühlern ausgelegt. Aufgrund der räumlichen Beschränkung konnte die Visualisierung der abgelösten Strömung hinter der Stufe nicht im Kühlerblaskanal stattfinden. Die Ablösung der Stufenströmung wurde mit Hilfe der Rauchsonde und des Lasers im Modellwindkanal vom IVK durchgeführt. Die auf den Grundkörpern entwickelte Methode zur aktiven Strömungsbeeinflussung wird an einem 3-dimensionalen SAE-Körper im digitalen Modellwindkanal, der auf dem realen Windkanal vom IVK basiert, numerisch geprüft. Im Folgenden werden die beiden Windkanäle vorgestellt.

4.1.1 Der IVK-Kühlerblaskanal

Für die Experimente wurde der Kühlerblaskanal (KBK) vom IVK zu einem Niedergeschwindigkeitskanal mit offener Messstrecke umgebaut. Vom ursprünglich geschlossenen Auslasskanal für die Druckverlustmessung an den Kühlern wurde der Kühlerblaskanal zur Untersuchung der Beeinflussbarkeit der Ablösung hinter einer Stufe und einem 2D-Körper modifiziert, indem zwei Seitenwände an der rechteckigen Austrittfläche der Düse montiert wurden. Die Flächen ober- und unterhalb der Messstrecke sind frei, um einen 2-dimensionalen Freistrahl in der Messstrecke nachzubilden, der der vereinfachten, 2-dimensionalen Anströmungssituation entspricht.

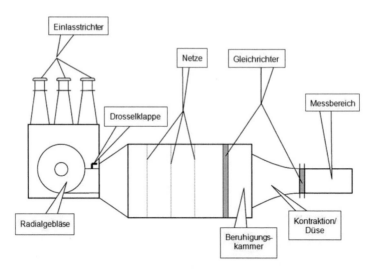

Abbildung 30:   Schematische Darstellung des Kühlerblaskanals

   In Abbildung 30 wird der Kühlerblaskanal schematisch dargestellt. Mit
zwei seitlich symmetrisch zugeordneten Radialgebläsen, die durch Asynchron-
motoren angetrieben werden, wird die Luft aus der Umgebung durch drei
Einlasstrichter in den Kanal angesaugt. Die Radialgebläse haben jeweils eine
Leistung von ca. 3,5 kW. Im oberen Teil der Trichter befinden sich normierte
Blenden. Der Druck vor und hinter diesen Normblenden wird gemessen, daraus
resultiert der Druckverlust durch die Blenden. Der Volumenstrom der Luft, die
durch den Kühlerblaskanal durchströmt, kann mit dem gemessenen Druckverlust ermittelt werden. Durch Einstellung zwei manuell und stufenlos verstell-
barer Drosselklappen, die sich an den Verbindungsrohren zwischen den Ge-
bläsen und der sog. Beruhigungskammer befinden, kann der Volumenstrom der
Durchströmung reguliert werden. Die Beruhigungskammer dient dazu, die großen Wirbel in der Strömung zu minimieren. Dadurch kann ein möglichst homo-
genes Strömungsprofil erzeugt werden. Die Beruhigungskammer besteht aus
einem Gleichrichter und drei Netzen, deren Querschinttsfläche 1 m² und die Ge-
samtlänge 2,4 m beträgt. Der Gleichrichter hat eine Wabenstruktur. Durch diese
Wabenstruktur werden große Wirbel in viele kleine Wirbel aufgeteilt. Die
Fluktuation der Geschwindigkeit in transversaler Richtung wird in der Strömung

minimiert und somit kann der Turbulenzgrad der Strömung aus den Radial-gebläsen heruntergesetzt werden. Allerdings ist dies mit einer Druckverlust-erhöhung verbunden.

Die Strömung wird durch eine Düse mit einem Kontraktionsverhältnis von 1:40 stark beschleunigt und erreicht eine maximale Geschwindigkeit von bis zu 60 m/s am Austritt. Die maximale Abweichung der Geschwindigkeit vom Mittelwert liegt bei ±2 %. Die 2-dimensionale Messstrecke wird am Austritt der Düse verbunden. Das Versuchsmodell der Stufe wird in der Messstrecke positioniert. Der Kühlerblaskanal hat ein Turbulenzniveau von bis zu 0,65 % und die maximale Grenzschichtdicke von 10 mm am Austritt der Düse.

4.1.2 Der IVK-1:4/1:5-Modellwindkanal

Die Beeinflussbarkeit der Ablösung hinter dem SAE-Körper wurde ausschließ-lich im digitalen Windkanal, der auf Basis des IVK-1:4/1:5-Modellwindkanals entwickelt wurde, numerisch untersucht. Der IVK-1:4/1:5-Modellwindkanal ist für die aerodynamischen Untersuchungen an den Modellfahrzeugen im Maßstab 1:4/1:5 ausgelegt. Bei diesem Windkanal handelt es sich um einen Windkanal Göttinger Bauart, der eine horizontale, geschlossene Luftführung mit 3/4-offener Freistrahl-Messstrecke besitzt. Ein Axialgebläse mit einem Laufrad-durchmesser von 2 m hat die Leistung von 320 KW. Die Düsenaustrittsfläche beträgt 1,654 m², die Freistrahlmessstrecke hat eine Länge von 2,585 m. Die Anströmungsgeschwindigkeit erreicht bis zu 80 m/s.

Die Simulation der Strömung bei der Straßenfahrt im Windkanal basiert auf der Relativbewegung zwischen dem Wind und dem fahrenden Fahrzeug. Wenn sich der Boden im Windkanal bei der Messung nicht mit der gleichen Geschwindigkeit bewegt, bildet die Strömung in der Messstrecke eine ver-fälschte Grenzschicht. In diesem Fall ist die mittlere Geschwindigkeit in Boden-nähe geringer als bei der realen Straßenfahrt. Demzufolge ergibt sich i.d.R. ein zu kleiner Widerstandsbeiwert, da z. B. Reifen sowie Fahrwerks- und Unter-bodenkomponenten mit zu geringer Geschwindigkeit angeströmt werden. Mit einem Mittenlaufband in Verbindung mit der Konditionierung der Grenzschicht, die sich durch eine Grenzschichtvorabsaugung vor und auf der Drehscheibe, eine tangentiale Ausblasung vor dem zentralen Laufband sowie eine seitlich verteilte Grenzschichtabsaugung, realisieren lässt (s. Abbildung 31), werden im IVK-Modellwindkanal die Messfehler infolge der Grenzschicht minimiert.

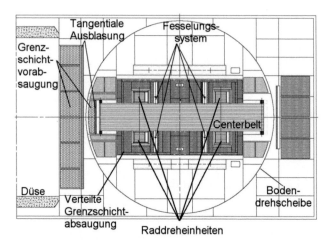

Abbildung 31: Messstreckenboden des Windkanals mit den Grenzschichtbeeinflus-sungsmaßnahmen [65]

4.2 Messtechnik

Zur Druckmessung an der Basis und an der Bodenplatte kommt das Druckmess-system DMT 9016 zum Einsatz. Die Geschwindigkeiten werden mit Hitzdraht-sonden erfasst, wodurch die mittleren Geschwindigkeitsprofile und der Tur-bulenzgrad der Strömung am Austritt des Kühlerblaskanals ermittelt werden können. Im Folgenden wird die angewendete Messtechnik vorgestellt.

4.2.1 Druckmesssystem

Für Druckmessungen an der Oberfläche steht das Druckmesssystem DMT 9016 zur Verfügung, dessen Messbereich bis zu 5200 kPa reicht. Das System besitzt 16 Kanäle für die Druckmessung. Die zeitliche Auflösung beträgt 100 Messun-gen pro Kanal pro Sekunde. Die Messgenauigkeit liegt im Bereich ±0,05% [66]. Die Differenzdrücke werden gegen einen Referenzdruck gemessen. Als

Referenzdruck wurde der Umgebungsdruck außerhalb der Messstrecke gemessen, da dort der Druck nicht von der bewegten Luft beeinflusst wird. An den Anschlüssen des Druckmesssystems können jeweils maximal 16 Druckleitungen angeschlossen werden. Durch dünne PVC-Schläuche können die statischen Drücke an den Modelloberflächen zu den elektromechanischen Differenzdrucksensoren im Druckmesssystem geleitet werden. Der dimensionslose statische Druckbeiwert c_p wird aus der gemessenen Druckdifferenz $\Delta p = p - p_{ref}$ umgerechnet, wobei der dynamische Druck q_∞ der Anströmung entnommen wird:

$$c_p = \frac{\Delta p}{q_\infty} = \frac{p - p_{ref}}{q_\infty} \qquad (4.1)$$

Mit:

Δp: gemessenen Druckdifferenz

p_{ref}: Referenzdruck der ungestörten Strömung

q_∞: dynamische Druck der Anströmung

4.2.2 Hitzdraht-Anemometrie

Um den Turbulenzgrad des Kühlerblaskanals und die Geschwindigkeitsprofile zu messen, kommt die Hitzdraht-Anemometrie von der Firma Dantec Dynamics zum Einsatz. Bei der Hitzdraht-Anemometrie handelt es sich um eine thermische Messtechnik zur Bestimmung der Strömungsgeschwindigkeit. Das Prinzip dieses Verfahrens basiert auf der Strömungskonvention, die durch die Wärmeabgabe des elektrisch beheizten Drahts erfolgt. Eine höhere Strömungsgeschwindigkeit des Mediums führt zu einer stärkeren Abkühlung des Hitzdrahts somit einer schnelleren Änderung des Widerstands.

In der vorliegenden Untersuchung wurden zwei verschiedene Eindraht-Messsonden verwendet, die jeweils als 55P11 und 55P14 bezeichnet werden. Der Unterschied der beiden Sonden liegt hauptsächlich in der Stahlspitzenform. Die geraden Stahlspitzen der Sonde 55P11 ermöglichen, die vertikalen Geschwindigkeitsprofile im Nachlauf des Modells zu messen. Im Gegensatz dazu sind die Stahlspitzen der Sonde 55P14 rechtwinklig abgeknickt, so dass die Sonde 55P14 für die Turbulenzgradmessung des Kühlerblaskanals gut geeignet ist. Beide Sonden beschränken sich auf die Ermittlung des Betrags der mittleren Geschwindigkeiten und Geschwindigkeitsfluktuationen in der Anströmungsrichtung. Aus diesem Grund lässt sich eine große Messunsicherheit in der Rückströmung nicht vermeiden. Dies ist in den Messergebnissen im Kapitel 6 deutlich zu erkennen.

Um die Temperaturänderung der zu messenden Strömung während der Messung zu kompensieren, wurden die Untersuchungen der vorliegenden Arbeit ausschließlich im CTA-Modus (CTA: Constant-Temperature-Anemometry) zur Geschwindigkeitsmessung vorgenommen. In diesem Modus wird der Draht unabhängig von der Strömungstemperatur auf eine konstante Betriebstemperatur elektrisch beheizt, wobei die Temperatur des Drahtes über der Strömungstemperatur liegen muss.

Abgesehen von den systematischen Fehlern sind sowohl das Arbeitsmedium als auch die Hitzdrahtsonde die Hauptfehlerquellen bei der Hitzdrahtmessung. Zu den vom Medium abhängigen Messfehlern zählen hauptsächlich Temperatur- und Druckschwankungen sowie Feuchtigkeit. Die Temperatur- und Druckschwankung beeinflusst die Dichte der Luft und stört stetig die Widerstandsänderung der Sonde während des Aufheizprozesses. Außerdem hängt die Dichte des Mediums von der Feuchtigkeit ab, was die Messgenauigkeit der Sonde ebenfalls beeinflussen kann.

Aufgrund der Empfindlichkeit gegen die Anströmungsrichtung ist die Positionierung einer Sonde in der Messstrecke mit gewisser Unsicherheit behaftet. Im Allgemeinen ist der dünne Hitzdraht extrem anfällig gegen mechanische Belastung. In der Strömung können winzige Partikel mit großer Geschwindigkeit die Hitzdraht-Sonde zerstören. Die Sensibilität gegen Verschmutzung ist eine sensorabhängige Messfehlerquelle. Je dicker der Draht ist, umso robuster ist die Sonde.

Der relative Standardfehler bei der Geschwindigkeitsmessung liegt bei ca. 0,8 % pro 1°C Temperaturschwankung aufgrund der Dichteänderung und ca. 0,2 % pro 1°C aufgrund der Widerstandsänderung der Sonde. Jede 10 kP Druckabweichung führt zu einem relativen Standardfehler von 0,6 %. Die Kalibrierungseinrichtung und der A/D-Wandler sind typischerweise jeweils mit einer relativen Messunsicherheit von 1% und 0,13 % behaftet. Bei der Anpassung der Kalibrierungskurve mit dem CTA-Modus tritt eine minimale relative Messunsicherheit von ca. 0,5 % auf. Der Einfluss der Feuchtigkeit des Mediums und der Positionierung der Sonde ist in den vorliegenden Messungen vernachlässigbar. Insgesamt ist ein relativer erweiterter Messfehler einer 1D-Sonde zur Geschwindigkeitsmessung unter den gegebenen Messbedingungen bis zu 3% unvermeidlich [67].

4.3 Versuchsmodelle

Im Rahmen dieser Arbeit wurde ein Modell zur Untersuchung der aktiven Beeinflussung der Ablösung ausgelegt, das prinzipiell sowohl für die Stufe als auch für den 2D-Körper geeignet ist. In Abschnitt 4.3.1 wird das Stufenmodell bzw. 2D-Körpermodell vorgestellt. Auf den modifizierten SAE-Körper zur Anregung der Ablösung eines 3D-Modells wird in Abschnitt 4.3.2 eingegangen.

4.3.1   Stufenmodell und 2D-Körpermodell

Als ein stark vereinfachter Grundkörper ist das Stufenmodell zur Untersuchung der einseitigen Ablösung an einer definierten Stelle in der Aerodynamik von großer Bedeutung. Das Stufenmodell besteht aus einem Vorderkörper mit einer halben Ellipse und einer Bodenplatte. Bei der Auslegung des Vorderkörpers muss darauf geachtet werden, dass ein sanfter Übergang zwischen der Vorderkante und der zur Anströmrichtung parallelen Ober- und Unterebene erforderlich ist, um der Ablösung im Frontbereich vorzubeugen. Zwei Seitenwände aus Plexiglas, die über den Bereich der Stromlinien mit Krümmung ausgedehnt sind, wurden am Modell montiert. Damit lässt sich ein 2-dimensionaler Strömungszustand herstellen. Die Anregungsstellen sind in der Spannweite über die gesamte Breite des Modells gleichmäßig angeordnet, um ebenso eine 2-dimensionale Anregung zu gewährleisten. Der Versuchsaufbau wird in Abbildung 32 dargestellt.

Das Stufenmodell befindet sich im Mittelschnitt des Kühlerblaskanalaustritts. Der Ursprung der Koordinaten fällt mit dem Schnittpunkt der Mittelinie der Stufenbasis und der Mittelinie der Oberfläche der Bodenplatte zusammen. Die X-Achse zeigt die Anströmungsrichtung und die positive Z-Achse zeigt nach oben. Die charakteristische Stufenhöhe beträgt 17,5 mm, die als der Abstand zwischen der Ablösekante und der oberen Fläche der Bodenplatte definiert ist. Unmittelbar unterhalb der Ablösekante werden 72 Öffnungen mit einem Durchmesser von 1,4 mm zur Zufuhr der externen Energie gleichmäßig in der Spannweite verteilt (s. Abbildung 33).

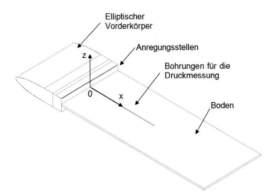

Abbildung 32:   Stufenmodell

Die Bodenplatte hat eine Länge von 500 mm. Entlang der Mittellinie in X-Richtung sind 50 Bohrungen, die einen Abstand von 5 mm zueinander haben, für die Druckmessung angebracht. Die Bohrungen haben einen Durchmesser von 1,4 mm. Zur Bestimmung der Basisdruckverteilung sind 4 Druckmessstellen auf der Mittelline der Basis vorhanden, Die abgelöste Strömung, die aufgrund der starken Erweiterung des Querschnitts an der Abrisskante des Stufenmodells entsteht, legt sich auf der Bodenplatte wieder an. Um die Position des Wiederanlegens zu ermitteln, wird der statische Druckverlauf punktuell an der Bodenplatte mit dem Druckmesssystem DMT 9016 gemessen. Die PVC-Schläuche, durch die die statischen Drücke an der Oberfläche zum Druckmesssystem DMT 9016 geleitet werden können, werden mit Metallhülsen an der Bodenplatte fixiert.

Da in der CFD-Simulation ein Turbulenzmodell zum Einsatz kommt, wird die Grenzschicht vor der Ablösung als voll turbulent vorausgesetzt. Um die gleiche Randbedingung für die Grenzschicht in der Messung und in der Simulation sicherzustellen, wird im Experiment ein dünner Draht an der Vorderkante quer zur Strömungsrichtung angebracht. Durch den sogenannten Stolperdraht wird eine turbulente Grenzschicht erzeugt, die von der Reynolds-Zahl des Versuchsaufbaus unabhängig ist. Der Stolperdraht wurde so positioniert, dass das gemessene und simulierte Geschwindigkeitsprofil an der Ablösekante übereinstimmen.

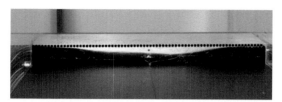

Abbildung 33: Anregungsstellen an der Ablösekante des Stufenmodells

Mit Hilfe des Druckmesssystems kann die Strömungsgeschwindigkeit an der Ablösekante für die Stufe bzw. den 2D-Köper bestimmt werden. Der Staudruck wird an der Vorderkante des Modells gemessen. An der oberen Ebene kurz vor der Ablösekante, an der die Stromlinien nach der Krümmung wieder parallel zur Anströmrichtung sind, wird der statische Druck entnommen. Der dynamische Druck wird aus der Differenz zwischen den beiden Drücken ermittelt. Daraus ergibt sich die Strömungsgeschwindigkeit an der Ablösekante u_0:

$$u_0 = \sqrt{\frac{2(p_{stau} - p_{stat})}{\rho}} \qquad (4.2)$$

Mit:

p_{stau}:   Druck am Staupunkt
p_{stat}:   Statischer Druck vor der Ablösekante
ρ: aktuelle Dichte der Luft

Eine Rauchsonde wird zur Visualisierung des Nachlaufs eingesetzt. Die transparenten Seitenwände ermöglichen, das gesamte Strömungsfeld außerhalb der Messstrecke zu beobachten. Bei der Positionierung des Laserschnitts muss darauf geachtet werden, dass dieser parallel zur Mittelinie der Bodenplatte oberhalb der Messstrecke liegen muss, um die Schatten hinter dem Stufenrücken zu minimieren. Zur Erhöhung des Bildkontrasts und zur Vermeidung der Reflektionen wurden eine Seitenwand und die Bodenplatte in schwarz lackiert. Die visualisierte Strömung wurde mit einer Videokamera aufgezeichnet, die sich auf der Seite der transparenten Seitenwand und senkrecht zum Lichtschnitt befand. Die automatische Positionierung der Hitzdraht-Sonde bei der Messung der Geschwindigkeitsprofile wurde mit einer linearen Vorschubeinheit, die von einem Schrittmotor angetrieben wurde, realisiert.

Das Stufenmodell und das 2D-Körpermodell basieren auf dem gleichen Vorderkörper. Daher sind die Ausgangssituationen der Strömung bei den beiden Modellen identisch. Durch das Entfernen der Bodenplatte wird das Stufenmodell zum 2D-Körpermodell erweitert. Die Körperhöhe des 2D-Körpermodells ist als charakteristische Länge definiert und beträgt 40 mm. Mit gleichem Abstand sind 3 zusätzliche Bohrungen für die Druckmessung auf der Mittellinie der unteren Hälfte der Basisfläche angebracht, um die Genauigkeit des mittleren Basisdrucks zu erhöhen. Zur numerischen Untersuchung wird die untere Hälfte der Simulationsregion entsprechend aktiviert und das Rechennetz symmetrisch aufgebaut.

4.3.2   Aktuator

Das Prinzip des Aktuators, der in der vorliegenden Arbeit zur aktiven Beeinflussung der abgelösten Strömung ausgelegt wurde, basiert auf einem strömungsmechanischen Effekt, dem sog. Null-Netto-Massenstrom-Jet (NNM-Jet). In Abbildung 34 wird ein Aktuator des NNM-Jets schematisch dargestellt.

Im Allgemeinen wird der Null-Netto-Massenstrom-Jet durch einen Hohlraum erzeugt. Auf einer Seite des Hohlraums befindet sich eine kleine Öffnung während auf der Seite gegenüber eine dünne Metallmembran angebracht wird. Durch die Schwingung der Metallmembran wird die Luft innerhalb des Hohlraums periodisch angeregt. Dadurch wird ein alternierender Jet, der aus jeweils einer halbperiodischen Phase für das Ausblasen und Ansaugen besteht, an der Öffnung des Hohlraums erzeugt. Da die Summe des Massenstroms nach einer Periode gleich Null ist, wird der Jet auch als Null-Netto-Massenstrom (eng: zero net mass flux) Jet bezeichnet [68].

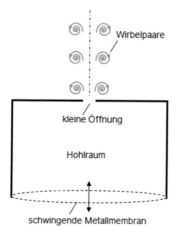

Abbildung 34: Schematische Darstellung des Null-Netto-Massenstrom-Jet-Aktuators [69]

Durch die Anregung der Luft an der Kante der Öffnung werden Wirbelpaare in der 2D-Strömung sowie Wirbelringe in der 3D-Strömung gebildet. Im 2D-Fall wird das Wirbelpaar bei der Ausblasphase von der Öffnung weggeschwemmt. Wenn sich das Wirbelpaar mit ausreichender Geschwindigkeit stromabwärts bewegt, wird die Luft bei der Ansaugphase nicht in die Öffnung zurückgesaugt sondern es formiert sich ein neues Wirbelpaar an der Öffnung.

Der Null-Netto-Massenstrom-Jet ist in der aktiven Strömungsbeeinflussung weit verbreitet. Insbesondere in den strömungsinstabilen Bereichen, wie beispielsweise in der Scherschicht oder in der Grenzschicht, kann die Strömung durch die Wirbelpaare, die von dem Null-Netto-Massenstrom-Jet erzeugt werden, gezielt beeinflusst werden. Die Aktuatoren zeichnen sich durch die einfache Handhabung und den geringen Energiebedarf aus. Außerdem bieten die Aktuatoren die Möglichkeit, die Technologie der Mikroelektromechanischen Systeme (MEMS), deren charakteristische Länge im μ-Bereich liegt, in der aktiven Strömungsbeeinflussung einzusetzen.

In der vorliegenden Arbeit wird der Null-Netto-Massenstrom-Jet zur Anregung der abgelösten Strömung durch einen klassischen elektrodynamischen Lautsprecher realisiert. Eine mechanische Schwingung der Lautsprechermembran erfolgt durch die Lorentzkraft, die infolge des Wechselstroms durch eine zentrale Schwingspule entsteht.

Zur Anregung der Scherschichtinstabilität wurde ein Anregungssystem entwickelt, das aus einem Lautsprecher, einem Verstärker und Schläuchen aus Kunststoff besteht. Ein tiefmitteltöniger Lautsprecher mit einem Durchmesser von 30 cm wurde aufgrund seiner hoher Belastbarkeit und großer Hubbewegung zur Erzeugung des periodischen Anregungssignals ausgewählt. Die Membran des Lautsprechers wird durch ein elektrisches Signal, das im Computer generiert und über einen Verstärker vergrößert wird, zur Schwingung angeregt. Zur Abdeckung wird eine Metallplatte aus Aluminium am Lautsprecher verschraubt. Auf der Metallplatte sind 72 Bohrungen in einem Kreis um den Mittelpunkt des Lautsprechers angebracht. In jede Bohrung wird eine kleine Kupferbuchse eingeklebt. Auf diesen Buchsen werden 72 PVC-Schläuche, die jeweils eine Länge von 0,75 m haben, fixiert. Die Schläuche sind so kurz wie möglich ausgelegt, um den Einfluss der Elastizität des Kunststoffs auf das Ausgangssignal zu minimieren. Die Luft, die im Raum zwischen der Membran des Lautsprechers und der Metallplatte eingeschlossen ist, wird durch die Bewegung der Membran angeregt und gleichzeitig durch die PVC-Schläuche an der Ablösekannte geleitet. Je nachdem ob sich die Membran in der positiven oder negativen Richtung bewegt, wird die Luft an der Abrisskante parallel zur Anströmungsrichtung, wo die Rezeptivität der Scherschicht gegenüber periodischen Störungen am größten ist [70], periodisch im Wechsel eingesaugt und ausgepumpt. Somit wird die Scherschicht der Ablösung beeinflusst.

Eine sinusförmige Anregung wird wie folgt definiert:

$$u_a = u_{amax} sin(2\pi f_a t) \qquad\qquad (4.3)$$

Mit:

u_a: effektive Anregungsgeschwindigkeit
u_{amax}:   maximale Anregungsgeschwindigkeit
f_a: Anregungsfrequenz

Die Visualisierung mit dem Laser und der Rauchsonde wurde im Modellwindkanal durchgeführt. Das Stufenmodell und das Anregungssystem werden wie in Abbildung 35 in der Messstrecke des Modellwindkanals positioniert. Das Anre-

gungssystem befindet sich außerhalb des Messbereichs. Durch die Schläuche
wird das Anregungssignal zu der Ablösekante geleitet. Mit zwei Seitenwänden
werden die Störungen aufgrund der Schläuche für die Anregung sowie für die
Druckmessung von der Stufe isoliert. Dadurch wird eine 2-dimensionale Anströmung für das Stufenmodell gewährleistet.

 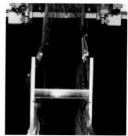

Abbildung 35: Das Stufenmodell und das Anregungssystem in der Messstrecke des
Modellwindkanals

Die Übertragungsfunktion des Anregungssystems ist nicht linear. Dies ist
auf die Nichtlinearität des Lautsprechers und die Elastizität der PVC-Schläuche
zurückzuführen. Um eine definierte maximale Anregungsgeschwindigkeit, die
von den Frequenzen unabhängig ist, zu erhalten, wird das Anregungssystem im
Bereich $0{,}0175 \leq Sr_H \leq 1{,}75$ bezüglich der Stufenhöhe linearisiert. Zuerst
wird die Amplitude der Anregungsgeschwindigkeit mit einem Hitzdraht, der in
der Höhe der Ablösekante und 1 mm stromabwärts positioniert ist, ohne Anströmung in der Spannweite mit einer Schrittweite von 5 mm gemessen. Die in-
vertierte Funktion der Anregungsgeschwindigkeit zu den Frequenzen wird danach in den Computer zur Generierung des Signals implementiert. Durch die
Überlagerung des ursprünglichen Signals wird das nichtlineare Verhalten des
Anregungssystems kompensiert. Trotz des Lochsystems ist die Abweichung der
maximalen Ausblasgeschwindigkeiten in der Spannweite geringer als 5 %. Daher lässt sich eine näherungsweise gleiche Verteilung der Anregung in der
Spannweite annehmen.

4.3.3   SAE- Referenzkörper

Der SAE-Referenzkörper stellt eine Abstraktion eines realen Pkw dar, der von dem wissenschaftlichen Verband der Automobilingenieure „SAE (Society of Automotive Engineers) Road Vehicle Aerodynamics Committee" zur Kalibrierung von Windkanälen empfohlen wurde [71]. Die Hauptaufgabe des SAE-Körpers ist, die Fahrzeugmessungen in verschiedenen Windkanälen vergleichbar zu machen. Die Details solcher fahrzeugähnlichen Körper werden durch einfache geometrische Formen ersetzt, um die fahrzeugabhängigen Störungen in den Vergleichsmessungen in unterschiedlichen Windkanälen auszuschließen. Im Gegensatz zu den stark vereinfachten stumpfen Körpern, wie z.b. der Ahmed Körper, werden mehr Details, die für die wesentlichen aerodynamischen Eigenschaften eines Fahrzeugs von großer Bedeutung sind, bei dem SAE-Referenzkörper beibehalten. Die Übertragbarkeit der Forschungsergebnisse auf ein reales Fahrzeug wird dadurch gewährleistet, dass die Grundformen der Fahrzeugfront und des Hecks dargestellt werden. Die Heckform ist durch den Aufbau eines auswechselbaren Aufsatzes zwischen dem Stufenheck und dem Kombi-Heck variierbar. Dies bietet die Möglichkeiten, ein vereinfachtes Modell von Limousinen oder Kombi-Fahrzeugen zu simulieren.

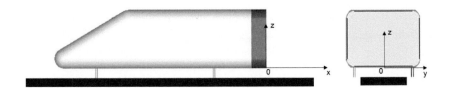

Abbildung 36:   Versuchsmodell des SAE-Körpers

In Abbildung 36 wird SAE-Körper mit Kombi-Heck im Maßstab 1:4, der von 4 zylinderförmigen Stützen getragen wird, dargestellt. Die Körperlänge, die Höhe und die Breite des SAE-Körpers beträgt jeweils1050 mm, 300 mm und 400 mm. Eine Bodenfreiheit von 50 mm wird zwischen Fahrzeugunterboden und Fahrbahn definiert. Das Anregungssystem wird in einer 80 mm langen hohlen Heckverlängerung mit scharfen Abrisskanten am Originalheck eingebaut. Darin werden 4 Lautsprecher installiert, die gemeinsam von einem harmonischen, monofrequenten Quellsignal angeregt werden. Insgesamt werden 4 schmale Schlitze als die Eintritte des Anregungssignals in den Nachlauf unmittelbar an den 4 Abrisskanten am Ende der Heckverlängerung angebracht. Der sich ursprünglich im hinteren Unterbodenbereich befindende Diffusor wurde so modifiziert, dass der SAE-Köper einen glatten Unterboden hat, um den Effekt der Strömungsbeeinflussung zu isolieren. Die unbeeinflusste Umströmung des SAE-Körpers mit Heckverlängerung und geschlossener Basisfläche wird als Referenz für alle Versuche herangezogen.

Der Ursprung der Koordinaten befindet sich auf dem Mittelpunkt der Unterkante der Verlängerungsrückseite. Die X-Achse zeigt die Gegenfahrtrichtung und die positive Z-Achse entspricht der Höhe des Fahrzeugs.

5 Numerische Verfahren

In diesem Kapitel werden die Simulationen beschrieben, die parallel zu den Experimenten durchgeführt wurden. Dabei wird zuerst der numerische Algorithmus des verwendeten Programms vorgestellt, der zum Aufbau des Simulationsmodells herangezogen wird. Danach werden die Einstellungen zur Simulation der Umströmung der Stufe, des 2D-Körpers sowie des SAE-Körpers vorgestellt, wobei die Stufenströmung einfach durch das Deaktivieren der Hälfte des 2D-Körper-Modells realisiert wurde.

5.1 Simulationssoftware – EXA PowerFLOW

Der Algorithmus der meisten kommerziellen CFD (Computational Fluid Dynamics) Programmen basiert auf den diskretisierten Navier-Stokes-Gleichungen, die die Strömung von newtonschen Fluid durch die Kontinuitätsgleichung, die Impulsgleichung und die Energiegleichung beschreiben. Bei den Navier-Stokes-Gleichungen handelt es sich um ein System von nichtlinearen partiellen Differentialgleichungen zweiter Ordnung, die für die komplexe Strömungssituation in der Regel nicht analytisch lösbar sind. Aus diesem Grund kommen die numerischen Verfahren wie Finite-Differenzen-, Finite-Elemente- oder Finite-Volumen-Verfahren zum Einsatz. In der numerischen Strömungsmechanik werden räumliche Kontinua in kleine Teilchen zerlegt, die durch gegebene Randbedingungen lokal gelöst werden können. Dieser Prozess wird als Diskretisierung bezeichnet. Dadurch werden die Navier-Stokes-Gleichungen aus den lokalen Lösungen approximiert.

Als eine alternative Methode zur numerischen Strömungssimulation werden die Boltzmann-Gleichungen entwickelt, die auf der statistischen Physik beruhen. Die Kerngleichung der Boltzmann-Gleichungen ist die sog. Verteilungsfunktion, die die Verteilung bewegter Moleküle im Kontrollvolumen erfasst [72]. Mit Hilfe der Verteilungsfunktion ist das Herleiten der relevanten Makroskopischen Größen möglich. Unter Berücksichtigung der Kollision werden die Änderungen der Molekülanzahl, die einerseits durch Molekültransport sowie äußere Kräfte und andererseits durch Molekülkollisionen hervorgerufen werden, in den Boltzmann-Gleichungen bilanziert.

Die Lattice-Boltzmann-Gleichung beschreibt die räumlich und zeitlich diskretisierte dimensionslose Boltzmann-Gleichung, die durch die charakteristische Körperlänge, die molekulare Geschwindigkeit, die Teilchendichte und die mittlere freie Weglänge skaliert wird [73]. Die Strömungsgeschwindigkeiten werden mit der Lattice-Boltzmann-Gleichung auf den kartesischen Gittern diskret ermittelt. Dies ermöglicht eine erhebliche Ersparnis des rechnerischen Aufwands und erlaubt eine hohe Parallelisierung.

Bei der numerischen Lösung der Navier-Stokes-Gleichungen ist die Genauigkeit vor allem von der Qualität des Rechennetzes abhängig, da nur die Lösungen auf den Gitterpunkten exakt sind. Die Berechnungen mit verschiedenen Rechennetzen liefern oft unterschiedliche Ergebnisse, obwohl die Randbedingungen identisch sind. Insbesondere bei der komplexen Strömung, wie beispielsweise Turbulenz, kann sich die Simulation wegen einiger schlechter Zellen im Rechennetz nicht konvergieren. Um den numerischen Fehler zu minimieren, soll das Rechenfeld extrem fein vernetzt werden. Jedoch ist die Auflösung des Rechennetzes in der Praxis von der Ressource beschränkt. Um den Rechenaufwand in Grenzen zu halten und gleichzeitig eine ausreichende Genauigkeit zu erzielen, werden häufig stationäre vereinfachte Navier-Stokes-Gleichungen, die sog. Reynolds-gemittelte Navier-Stokes-Gleichungen (Reynolds-Averaged-Navier-Stokes equations: RANS) zur Approximation turbulenter Strömungen verwendet.

Im Gegensatz dazu werden die Erhaltungsgleichungen für Masse, Impuls sowie Energie mit der Lattice-Boltzmann-Methode auf der Molekülebene betrachtet. Die zeit- und ortsabhängigen Verteilungsfunktionen, die zur Ermittlung von sämtlichen Makroskopischen Größen dienen, beschreiben die dynamische Eigenschaft der Moleküle. Die momentanen Größen eines Moleküls werden mit lokalen Verteilungen in diskreten Zeitschritten und in diskreten Raumrichtungen berechnet. Die Geschwindigkeiten an den Gittern werden durch die Kollision der Moleküle bestimmt. Dies gewährleistet eine minimale numerische Dissipation [73]. Andererseits ist die Anforderung an das Rechennetz nicht so hoch wie bei der Lösung der nichtlinearen Navier-Stokes-Gleichungen. Aus diesem Grund eignet sich die Lattice-Boltzmann-Methode besonders gut für die instationäre Berechnung einer komplizierten Geometrie in der komplexen Strömung.

EXA PowerFLOW® war das erste kommerzielle CFD-Programm, das auf der Lattice-Boltzmann-Methode basiert [74]. Zur Simulation der Strömung mit kleineren Reynolds-Zahlen (<10,000) steht beim PowerFLOW® die direkte numerische Simulation (DNS) zur Verfügung. Bei der DNS können die instationären strömungsmechanischen Prozesse, wie der laminar-turbulente Umschlag oder die Ablösung, dadurch vollständig berechnet werden, dass die kleinskaligen Schwankungen numerisch in Raum und Zeit aufgelöst werden. Da in einer 3D-Simulation die Gesamtanzahl der benötigten Punkte mit $Re^{9/4}$ wächst, beschränkt sich die DNS auf die Simulationen für die Grundlagen-untersuchungen der einfachen Geometrie mit kleinen Reynolds-Zahlen [75].

Eine direkte numerische Simulation relevanter Strömungen in der Automobil-Aerodynamik ist mit der Lattice-Boltzmann-Methode für die heutigen Computerleistungen noch nicht möglich. Dazu wurde ein Turbulenzmodell im PowerFLOW® entwickelt. Die Grundidee des Turbulenzmodells ist, die turbulente Strömung als eine Überlagerung einer stationären Hauptströmung mit stochastischer Fluktuation zu betrachten. Durch zwei zusätzliche Transportgleichungen für die turbulente kinetische Energie k sowie die Dissipation ε und eine lokale effektive Relaxationszeit τ, die sich durch die Kollision der Moleküle in der Boltzmann-Gleichung ermitteln lässt, wird ein k-ε-RNG-Modell (RNG: Re-Normalization-Group) in PowerFLOW® definiert [76]. Da die Relaxationszeit jeder Zelle für jeden Zeitschritt neu berechnet werden muss, zeigt das Turbulenzmodell in PowerFLOW® einen zeitabhängigen Charakter. Somit werden große Wirbel direkt berechnet während die dissipativen kleinskaligen Wirbel unterhalb der Gittergröße durch das Turbulenzmodell modelliert werden.

Im Wandnahen Bereich werden extrem feine Gitter benötigt, um die starken Geschwindigkeitsgradienten der Strömung in Normalrichtung zu berechnen. Sowohl die Generierung der Gitter als auch die Berechnung mit solch feinen Gittern erfordern große Computerressourcen sowie lange Rechenzeiten. Um dies zu vermeiden, wird ein Wandmodell in PowerFLOW® entwickelt. Dieses Wandmodell basiert auf dem universellen Wandgesetz [77]. Zusammen mit dem Turbulenzmodell kann die Grenzschichtablösung bei großer Reynolds-Zahl mit relativ groben Rechennetzen gut dargestellt werden. Dadurch kann ein Ergebnis mit ausreichender Genauigkeit trotz erheblich verkürzter Rechenzeit erzielt werden.

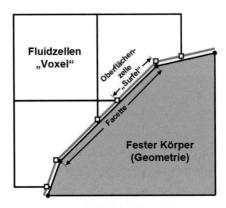

Abbildung 37: Diskretisierung des Rechengebiets [78]

Die Gittergenerierung ist eine der wichtigsten Arbeitsschritte für die numerische Simulation. PowerFLOW® bietet eine vollständig automatische Gittergenerierung für Volumennetze an. Dazu wird ein bereits verarbeitetes Oberflächennetz der zu berechnenden Geometrie, das sog. „Facets", ins Programm importiert. Anschließend werden die kubischen Zellen mit definierten Größen, die „Voxel" genannt werden, im freien Strömungsvolumen automatisch generiert. Die Erzeugung der Oberflächenelemente „Surfels", die durch das Überschneiden der Volumenzellen mit dem Oberflächennetz entstehen, wird schließlich automatisch durchgeführt. Ein diskretisiertes Rechengebiet wird in Abbildung 37 dargestellt. Dieses Verfahren zeichnet sich durch die gute Gitterqualität und die relativ kurze Vorbereitungszeit für eine Simulation aus.

Um die Untersuchungen eines digitalen Fahrzeugmodells im frühen Entwicklungsstadium in einem virtuellen Windkanal zu ermöglichen, wurde ein kompaktes Modul, der sog. digitale Windkanal (DWT: Digital Wind Tunnel), von PowerFLOW® entwickelt. Die Parameter des digitalen Windkanals werden nach den realen Windkanälen definiert. Die Konditionierungen für die Bodensimulation, wie die Vorrichtungen zur Absaugung der Bodengrenzschicht sowie der zentrale Laufband mit definierter Rauhigkeit, sind ebenfalls vorhanden und einstellbar. Nicht nur für die Modellierung eines realen Windkanals, sondern auch für die Methodenentwicklung in Aerodynamik und Aeroakustik ist der digitale Windkanal von großer Bedeutung. In der vorliegenden Arbeit wurden die Anregungsparameter für das SAE-Modell ausschließlich im digitalen Windkanal von PowerFLOW® variiert.

5.2 Randbedingungen der Simulation

Die aktive Strömungsbeeinflussung wird anhand drei verschiedener Konfigurationen in der Simulation validiert. Bei diesen drei Konfigurationen handelt es sich um die Stufe, den 2D-Körper und das SAE-Modell. Sie repräsentieren jeweils die einseitige Ablösung, die zweiseitigen Ablösungen mit Wechselwirkungen sowie die Ablösungen eines 3-dimensionalen Körpers. Die isolierte Beobachtung der einseitigen Ablösung hat das Ziel, den Zusammenhang zwischen der lokalen Instabilität und den dynamischen Prozessen einer Ablösung zu erklären. Darauf aufbauend wird die Beeinflussbarkeit der zweiseitigen Ablösungen hinter einem 2D-Körper untersucht. Im Vergleich zu anderen 2 Konfigurationen sind die Ablösungen eines 3-dimensionalen Körpers komplexer und deswegen deutlich schwieriger zu beeinflussen. Die 3-dimensionale Simulation am SAE-Modell dient lediglich dazu, die Machbarkeit der aktiven Beeinflussung der komplexen Ablösungen eines Fahrzeugs zu prüfen. Im Folgenden werden die Einstellungen der Simulation vorgestellt.

5.2.1   Simulation der Stufe und des 2D-Körpers

Die Stufenströmung wird durch die Modifikation des 2D-Körpers realisiert. Die Stufe und der 2D-Körper haben einen gemeinsamen elliptischen Vorderkörper. An der Ablösekante befinden sich Löcher, durch die die externe Energie zur Anregung der Ablösung in dem Nachlauf zugeführt wird. Durch eine Trennplatte in der Mitte, die in der Stufenströmung als Bodenplatte für die Wiederanlegung der abgelösten Strömung dient, wird die Wechselwirkung zwischen beiden Scherschichten blockiert. Dadurch wird die zweiseitige Ablösung zu zwei einseitigen Ablösungen isoliert. Zur experimentellen Untersuchung der Stufenströmung wird nur die Strömung der oberen Hälfte des Strömungsfeldes gemessen. Entsprechend wird die Stufenströmung in der Simulation durch die Deaktivierung der unteren Hälfte des Strömungsfeldes nachgebildet.

Bei der Stufe befindet sich der Ursprung der Koordinaten auf dem Schnittpunkt der Mittellinie der Bodenoberfläche und der Mittellinie der Stufenbasis. Die X-Achse zeigt in Richtung der Anströmung, die Y-Achse entspricht der Spannweitenrichtung und die positive Z-Achse weist nach oben. Der Abstand von der Hinterkante zur Oberfläche der Bodenplatte wird als Stufenhöhe H definiert, die die charakteristische Länge für die Stufenströmung darstellt. Durch die Skalierung mit der Stufenhöhe H und der Anströmungsgeschwindigkeit u_∞ werden die dimensionsbehafteten Größen dimensionslos umgerechnet, um die Ergebnisse unterschiedlicher Untersuchungen vergleichbar zu machen.

Die Stufe und der 2D-Körper besitzen denselben Vorderkörper. Durch das Entfernen der Bodenplatte wird die Stufe zum 2D-Körper modifiziert. Das Koordinatensystem des 2D-Körpers fällt mit dem Mittelpunkt der Basis zusammen. Die dimensionslosen Größen in der Untersuchung für den 2D-Körper sind auf der Höhe der Basis sowie der Anströmungsgeschwindigkeit bezogen.

In Abbildung 38 werden die Randbedingungen für die Simulation der Stufenströmung gezeigt. Der gesamte Kühlerblaskanal wird durch eine Simulationsbox dargestellt. Durch das „Inlet" tritt der Wind in den „Kühlerblaskanal" ein, dessen charakteristische Geschwindigkeit der Anströmungsgeschwindigkeit entspricht. Der Turbulenzgrad der Anströmung beträgt 1 % und die maximale Turbulenzlänge ist 1 mm. Zur Simulation eines Freistrahls im Kühlerblaskanal werden die oberen und hinteren Flächen durch „Outlets" mit freier Strömungsrichtung dargestellt. Dort wird es von dem Umgebungsdruck beherrscht. Die Anregungsströmung tritt mit der monofrequenten sinusförmigen Geschwindigkeit in den Nachlauf der Stufen ein. Der Eintrittsfläche wird als ein lokales „Inlet" definiert.

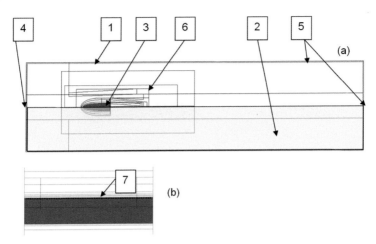

Abbildung 38: Randbedingungen für die Simulation der Stufenströmung (a): Seitenansicht: (1): Berechnungsbereich Turbulenzgrad: 1%, Turbulenzlänge:
1mm (2): Deaktivierter Bereich (3): Stufenmodell (4): Inlet: u_∞: charakteristische Geschwindigkeit (5): Outlet: Freie Strömungsrichtung,
charakteristischer Druck (6): Netzverfeinerung (b): Rückansicht (7):
Anregungsstellen: Inlet u: Anregungsgeschwindigkeit

In Abbildung 39 wird das Rechennetz für die Simulation der Stufenströmung dargestellt. Das Netz verfeinert sich in 7 Stufen. Insbesondere in den
Bereichen, in den kleinskalige Turbulenzen intensiv auftreten, ist eine hohe
räumliche Auflösung erforderlich. Die Anzahl der Zellen im Bereich der Ablösung beträgt nahezu die Hälfte der Summe im ganzen Strömungsfeld. Nur mit
einem so feinen Netz können die Sekundärwirbel dargestellt werden. Die
Sekundärwirbel sind zwar teilweise sehr klein und haben nur eine kurze Lebensdauer, spielen aber bei der aktiven Beeinflussung der instabilen Strömung eine
wichtige Rolle. Trotz des Wandmodells ist ein feines Rechennetz zum Berechnen der Grenzschicht im wandnahen Bereich notwendig, da die Grenzschicht
bei der Bestimmung der Wiederanlegelänge nach der Ablösung eine entscheidende Rolle spielt. Die Länge der kleinsten Zelle beträgt 0,4 mm. Insgesamt
besteht das Rechennetz aus 5,9 Mio. Volumenzellen.

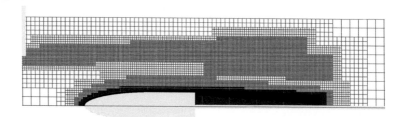

Abbildung 39: Rechennetz für die Simulation der Stufenströmung

Ohne die sonstigen Einstellungen zu ändern, ist das Rechennetz nur durch das Entfernen der Bodenplatte und die Aktivierung des unteren Rechenraums für die Simulation des 2D-Körpers bereit.

5.2.2 Simulation des SAE-Körpers

Die Beeinflussung der Ablösung eines 3-dimensionalen Körpers kann nicht als eine einfache Erweiterung des 2D-Falls angesehen werden, sondern es handelt sich um ein komplexes Forschungsgebiet. Ob die in der 2D-Umgebung entwickelte aktive Methode zur Luftwiderstandsreduzierung, die sich auf der Anregung der kohärenten Wirbelstrukturen beruht, auch an einer 3D-Konfiguration gelingt, wird anhand eines SAE-Körpers getestet.

Der SAE-Körper ist ein häufig untersuchtes Modell in der Fahrzeugaerodynamik, da dank der vereinfachten Geometrie des SAE-Körpers sich die wesentlichen aerodynamischen Eigenschaften eines Fahrzeugs verifizieren lassen. Aufgrund des akzeptablen Rechenaufwands eignet sich der SAE-Körper besonders gut für die numerischen Untersuchungen. Die vorliegenden numerischen Untersuchungen erfolgten am digitalen Modell des SAE-Körpers, der im Kapitel 4.3.3 beschrieben wurde. In der Simulation wird das Anregungssystem mit den Lautsprechern nicht detailliert nachgebildet. Anstatt dessen werden 4 schmale rechteckige Schlitze mit einem Abstand von 5 mm bis zu den Abrisskanten als Anregungseintritte definiert. Die Breite der Schlitze beträgt 3 mm. Die Anregungseintritte werden als lokaler Lufteingang definiert. Ein ideales monofrequentes Sinus-Signal wird für die Anregungsgeschwindigkeit vorgegeben. Die Anregungsrichtung ist parallel zur Anströmungsrichtung. In der

Simulation wird Phasenverschiebung zwischen den jeweiligen Anregungsstellen nicht berücksichtigt. Jeder Lufteingang für die Anregung kann separat ein- oder ausgeschaltet werden.

Die Heckhöhe H wird als die charakteristische Länge definiert. Die unbeeinflusste Umströmung des SAE-Körpers mit Heckverlängerung und geschlossener Basisfläche wird als Referenz für alle Versuche herangezogen. Der ursprüngliche Diffusor im hinteren Unterbodenbereich wurde abgedeckt. Dadurch wird die Strömung parallel zur x-Richtung bis zu den Abrisskanten geleitet.

In Abbildung 40 werden die Randbedingungen für die Simulation des SAE-Modells dargestellt. Das Simulationsmodell des SAE-Körpers mit dem Maßstab von 1:4 befindet sich im digitalen Windkanal. Der gesamte Simulationsbereich wird in einer Box, die als der Kontrollraum der Simulation definiert ist, geschlossen. Die Reynolds-Zahl bezüglich der Körperhöhe beträgt 10^6. Der Einlass der Strömung wird als „Inlet" definiert. Die charakteristische Geschwindigkeit beträgt 50 m/s. Die Strömung tritt am „Outlet" des Kontrollraums wieder aus. Der Druck am Austritt entspricht dem ungestörten Umgebungsdruck. Die Anströmung hat einen Turbulenzgrad von 0,3 % und eine charakteristische Turbulenzlänge von 1,5 mm. Bis auf das „Laufband" unter dem SAE-Modell wird der Boden als stehende „Standardwand" definiert. Die Wandrauhigkeit des Bodens wird in PowerFLOW® mit der Funktion der Sandrauigkeit beschrieben. Die Rauigkeit der Oberfläche des Laufbands wird von 0,05 m vorgegeben. Zum Beseitigen der Grenzschicht unter dem SAE-Modell bewegt sich das Laufband mit der gleichen Geschwindigkeit wie die Anströmung. Um die Genauigkeit der Simulation mit einem geschlossenen Kontrollraum zu gewährleisten, muss der Simulationsbereich ausreichend groß sein. Außerdem werden die Wände vom digitalen Windkanal als reibungslos betrachtet.

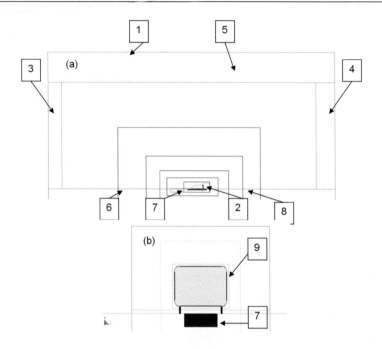

Abbildung 40: Randbedingungen für die Simulation des SAE-Modells
(a): Seitenansicht: (1): Berechnungsbereich: Turbulenzgrad: 0,3%,
Turbulenzlänge: 1,5mm (2): SAE: 1:4-Vollheckmodell (3): Inlet: u_∞:
charakteristische Geschwindigkeit (4): Outlet: charakteristischer Druck
(5): Reibungslose Wände (6) Boden: Wand mit der Standardrauheit (7):
Laufband: Rauheit der Oberfläche: 0,05mm, $u_L = u_\infty$(8): Netzverfeinerung (b): Rückansicht (9): Anregungsstellen: Inlet u: Anregungsgeschwindigkeit

Abbildung 41 zeigt das Rechennetz für die Simulation des SAE-Körpers.
Das Rechennetz ist um die x-z-Ebene bei y=0 symmetrisch und besitzt 10 Ver-
feinerungsstufen. Insgesamt erhält der gesamte Rechenbereich 31 Mio. Volumenzellen. In der Nähe der Oberfläche hat das Netz die höchste Auflösung, um
die Genauigkeit der Grenzschicht zu gewährleisten. Zur Berechnung des Stau-
drucks, der als der Bezugswert für die dimensionslose Größe dient, wird das
Rechennetz im Bereich der Front ebenfalls mit den feinsten Zellen definiert. Zur
Erfassung der kohärenten Querwirbel und der Sekundärwirbel in der Scher-

schicht wird das Rechennetz im Bereich der Basis mit der höchsten Auflösung verfeinert. Im Allgemeinen muss die Auflösung des Netzes im Bereich des Nachlaufs ausreichend hoch sein, da die Ablösungen in diesem Bereich für die aerodynamischen Eigenschaften des Fahrzeugs eine bedeutende Rolle spielen.

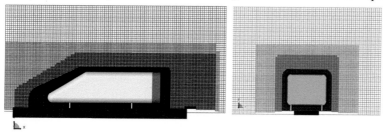

Abbildung 41: Rechennetz für die Simulation des SAE-Körpers

Die numerische Untersuchung für den modifizierten SAE-Körper fand im digitalen Windkanal von PowerFLOW® statt. Die Reynolds-Zahl bezüglich der Körperhöhe beträgt 10^6. Das zentrale Laufband wurde eingeschaltet, um die Bodengrenzschicht unterhalb des SAE-Modells zu eliminieren. Zur Prüfung der Beeinflussbarkeit des 3D-Körpers wurden in der vorliegenden Arbeit die angeregten Konfigurationen jeweils mit den Frequenzen $Sr_H = 0,12$, $Sr_H = 1,2$ sowie $Sr_H = 6$ simuliert. Die Ergebnisse werden im folgenden Kapitel analysiert.

6 Analyse der Ergebnisse

Die Strömungsablösung am Fahrzeugheck stellt einen komplexen Prozess dar. Die Beeinflussbarkeit einer Ablösung um ein 3-dimensionales Modell wird dadurch systematisch untersucht, dass der Ablösungsprozess nach der Entstehungsstelle zerlegt und unter vereinfachten Randbedingungen isoliert behandelt wird. Dabei werden Wechselwirkungen untereinander zuerst nicht berücksichtigt.

Bei den Untersuchungen wird von der einseitigen Ablösung hinter einer Stufe ausgegangen, um die physikalischen Prozesse der Ablösung zu verstehen. Dies ermöglicht, die beeinflusste Ablösung an den einzelnen Heckkanten zu modellieren. Auf Basis der einseitigen Ablösung der Stufenströmung wird die abgelöste Strömung auf die 2-dimensionale Konfiguration erweitert. Die Wechselwirkungen zwischen den Scherschichten des 2D-Körpers müssen dabei berücksichtigt werden, da sie bei der Konzeption der Strömungsbeeinflussung eine Schlüsselrolle spielen. Weitergehend werden die wichtigen Strouhal-Zahlen zum Definieren der Anregungsfrequenzen für die Beeinflussung der Ablösungen der Stufe und des 2D-Körpers zusammengefasst. Schließlich werden die Beeinflussungsmethoden an den Heckkanten eines vereinfachten Vollheckfahrzeugmodells verwendet, um die Übertragbarkeit der an den Grundkörpern entwickelten Methoden zu prüfen.

Nach dem oben geschilderten Untersuchungsvorgang wird in diesem Kapitel anhand der Untersuchungsergebnisse die Beeinflussbarkeit der abgelösten Strömung jeweils hinter einer Stufe, einem 2D-Körper sowie einem SAE-Körper analysiert. Zunächst wird das im Kapitel 5 vorgestellte numerische Modell für die Stufenströmung durch den Vergleich mit den Messergebnissen validiert. Um Rückschlüsse auf die Mechanismen der aktiven Strömungsbeeinflussung zu ziehen, werden die hochaufgelösten Strömungsfelder in der Simulation beobachtet. Auf der Basis der Periodizität der kohärenten Wirbelstrukturen der abgelösten Strömung im Nachlauf werden die Kriterien für die Anregung der Stufenströmung sowie des 2D-Körpers zusammengefasst. Zum Schluss wird das auf den Grundkörpern entwickelten Verfahren zur Anregung der Strömung an einem fahrzeugähnlichen SAE-Körper getestet.

6.1   Aktive Beeinflussung der Strömung hinter einer Stufe

Die Stufenströmung wurde als Grundlage zur Modellierung der abgelösten Strömung in der Vergangenheit häufig experimentell und numerisch untersucht. Trotz der einfachen Geometrie deckt die Stufenströmung einige relevante Strömungsphänomene komplexer Strömungen ab, die zur Entwicklung der Strategie zur aktiven Strömungsbeeinflussung beitragen können.

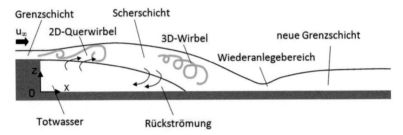

Abbildung 42:   Schematische Darstellung der abgelösten Stufenströmung [63]

Die abgelöste Stufenströmung wird in Abbildung 42 schematisch dargestellt. Die ankommende Strömung mit der turbulenten Grenzschicht löst sich ab. Die Ablösungsstelle ist geometrisch bedingt an der Stufenkante fixiert. Innerhalb des Ablösegebiets zirkuliert die Luft um die y-Achse. Aufgrund des Geschwindigkeitsunterschieds zwischen dem Totwassergebiet und der Außenströmung bildet sich eine Scherschicht aus. Die Scherschicht ist instabil und empfindlich gegen kleine Störungen. Durch die Aufrollung der 2-dimensionalen Querwirbel wird Fluid im Totwasser hinter der Stufe in die Scherschicht aufgenommen und weiter stromabwärts transportiert. Dadurch sinkt der Basisdruck ab. Die Scherschicht verbreitet sich allmählich und krümmt sich gleichzeitig nach unten, bis sie den Boden trifft. Die abgelöste Strömung legt sich wieder an. Ein Teil der Luft strömt nach dem Wiederanlegen zum Ausgleichen des Drucks wieder zurück ins Totwasser, der andere Teil entwickelt stromabwärts eine neue Grenzschicht.

Neben der dimensionslosen Anregungsfrequenz Sr(Strouhal-Zahl) ist die Amplitude der Anregung ebenfalls ein relevanter Parameter. Die dimensionslose

Anregungsamplitude wird als Impulsbeiwert c_μ definiert, der das Verhältnis des Anregungsimpulses zum Strömungsimpuls beschreibt [79].

$$c_\mu = \frac{\rho_a u_a^2 A_a}{\rho_\infty u_\infty^2 A_\infty} \qquad (6.1)$$

Mit:

ρ_a: Dichte der Anregungsströmung
u_a: Anregungsgeschwindigkeit
A_a: Austrittsfläche der Anregungsströmung
ρ_∞:   Dichte der ungestörten Strömung
u_∞:   Geschwindigkeit der ungestörten Strömung
A_∞:   Stirnfläche des Modells

Die charakteristische Größe zur Beschreibung einer Ablösegröße ist die Wiederanlegelänge, die als Abstand von der Stufenkante bis zur Wiederanlegeposition definiert ist. Um die abgelöste Strömung schnell wiederanlegen zu können, wurde die Verkürzung der Wiederanlegelänge in zahlreichen Untersuchungen als die Zielsetzung zur Strömungsbeeinflussung betrachtet.

6.1.1   Leistungsdichtespektrum

Das Leistungsdichtespektrum gibt an, wie die Leistung eines Signals sich über dem Frequenzspektrum verteilt. Die intensive Energie der periodischen Strukturen bei den Eigenfrequenzen wird als spektrale Peaks aus dem Hintergrund hervorgehoben. Um die Eigenfrequenz der kohärenten Wirbelstrukturen in der Scherschicht auszufiltern, wird das Leistungsdichtespektrum der Fluktuation des dimensionslosen statischen Druckbeiwertes berechnet.

In Abbildung 43 wird das Leistungsdichtespektrum der Fluktuation des dimensionslosen statischen Druckbeiwertes aufgetragen, die aus der zeitlich hochaufgelösten Simulation gewonnen wurden. Dazu wurde ein virtueller Messpunkt, der die Strömungsverläufe nicht stören kann, am Rand der Scherschicht $(x, y, z) = (0,2H, 0, 1H)$ positioniert. Bei $Sr_H \approx 0,35$ hebt sich eine starke Amplitude aus dem Hintergrund hervor, die auf eine intensive Leistung eines

Wirbels deutet. Diese Frequenz stimmt gut mit dem von Bhatacharjee et al. angegebenen Wert $Sr_H \approx 0,35$ überein. Bei dieser Strouhal-Zahl wurde die maximale Verkürzung der Wiederanlagelänge hinter einer Stufen erreicht [80].

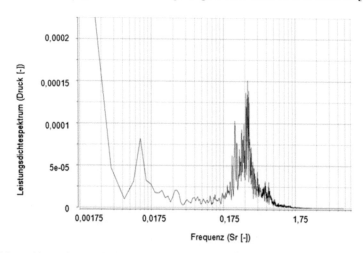

Abbildung 43: Leistungsdichtespektrum des dimensionslosen statischen Druckbeiwertes des virtuellen Messpunktes

6.1.2 Statischer Druckbeiwert an der Bodenplatte

Der statische Druckbeiwert an der Bodenplatte ist definiert als:

$$c_p = \frac{p - p_{ref}}{\frac{1}{2}\rho U_\infty^2} \tag{6.2}$$

Mit:

p: der statische Druck an den gegebenen Stellen an der Bodenplatte

p_{ref}:   der Referenzdruck in der ungestörten Umgebung

U_∞:   Anströmungsgeschwindigkeit

Die Anströmungsgeschwindigkeit lässt sich aus dem Staudruck an der Vorder-
kannte der Ellipse und dem statischen Druck auf der oberen Seite des Vorderkörpers bestimmen (vgl. Kapitel 4.3.1).

Zwischen dem zeitlich gemittelten Druckverlauf $c_p(x)$ entlang der Mittellinie der Bodenplatte und der mittleren Wiederanlegelänge x_R besteht ein eindeutiger Zusammenhang, der durch eine Reihe von Modellen beschrieben wurde [81][82]. Aus diesem Grund ist der statische Druckbeiwert ein wichtiger Indikator zur quantitativen Effektivitätsbewertung der Strömungsbeeinflussung. Wegen der leichten Messbarkeit eignet sich der statische Druckbeiwert ausgezeichnet für die Überwachung der Strömungsänderung.

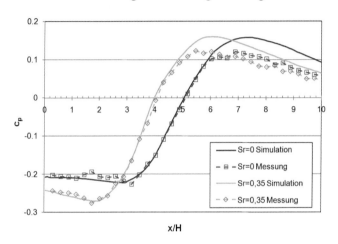

Abbildung 44: Vergleich der gemessenen und gerechneten zeitlich gemittelten Druckverläufe an der Bodenplatte entlang der Mittellinie in Anströmungsrichtung für die natürliche Strömung und für die angeregte Strömung mit der Frequenz $Sr_H = 0{,}35$ und der Amplitude $c_\mu \approx 0{,}0011$

In Abbildung 44 ist der zeitlich gemittelte Druckverlauf an der Bodenplatte entlang der Mittellinie in Anströmungsrichtung für die natürliche Strömung dargestellt. Als ein Beispiel für einen angeregten Fall, bei dem eine signifikante Verkürzung der Wiederanlegelänge erzielt wird, ist das Ergebnis der beeinflussten Strömung mit einer Anregungsfrequenz $Sr_H \approx 0{,}35$ und einer Amplitude von $c_\mu \approx 0{,}0011$ aufgetragen. Zusätzlich wird das Diagramm mit den c_p-Verläufen aus der CFD-Simulation unter gleichen Randbedingungen ergänzt, um die Genauigkeit des numerischen Modells zu validieren.

In den Verläufen des statischen Drucks werden die wichtigsten Merkmale der natürlich abgelösten Stufenströmung, die in den beschriebenen Modellen geschildert wurden, deutlich wiedergegeben. Stromabwärts der Abrisskante ist ein leichter Druckabfall zu erkennen, der auf eine vergleichsweise langsame Zirkulation in der Ecke des Totwassergebiets zurückzuführen ist. Bevor der Druck mit einem starken Gradient in den positiven Bereich ansteigt, bildet sich ein leichtes Minimum aus, wobei dies in dem angeregten Fall etwas stärker ausgeprägt ist. Im Bereich, in dem der Druckverlauf einen stark positiven Druckgradient hat, befindet sich der Übergang von der Rückströmung zu der Wiederanlegung. Jedoch kann die Wiederanlegelänge nicht direkt aus dem Druckverlauf ausgelesen werden. Der statische Druckbeiwert steigt weiter an, bis das Maximum erreicht wird. Danach entsteht eine neue Grenzschicht und der statische Druck geht stromabwärts in den ungestörten Umgebungsdruck über.

An der Ablösekante zeigt sich ein geringerer statischer Druck der beeinflussten Strömung an der Basis im Vergleich zur natürlichen Strömung. Durch Anregung wird der Druckabfall im Totwassergebiet etwas vergrößert. Das bedeutet, dass die Zirkulation der Strömung im Totwassergebiet leicht verstärkt wird. Das Minimum des statischen Drucks wird früher erreicht und hat im Vergleich zu dem unbeeinflussten Fall um ca. $\Delta c_p = 0,05$ abgenommen. Obwohl von der Stelle, an der der statische Druckbeiwert gleich Null ist, die absolute Größe der Wiederanlegelänge nicht bestimmt werden kann, zeigt die Verschiebung dieser Stelle in x-Richtung die Änderung der Ablöseblase. Durch die Anregung wird der Verlauf des statischen Drucks um eine Stufenhöhe zur Ablösekante versetzt, was ein früheres Wiederanlegen der Strömung $\Delta x = 1H$ nach der Ablösung bzw. eine Verkleinerung der Ablöseblase ankündigt.

Besonders interessant für die Fahrzeugaerodynamik ist die Basisdruckänderung durch die Anregung, da dies einer Widerstandsänderung entspricht. Es ist zu erkennen, dass der Basisdruck durch die Verkürzung der Wiederanlegelänge um 16,8 % gesunken ist. Die Abnahme des Basisdrucks liefert einen Hinweis, dass der Luftwiderstand der Stufe wegen der Anregung zunimmt. Angesichts dieses Phänomens ist eine Überlegung zustande gekommen, ob sich die Wiederanlegelänge durch Anregung verlängern lässt, so dass die Reduzierung des Luftwiderstands der Stufe erzielt werden kann.

Die Genauigkeit der Simulation wird durch die gute Übereinstimmung mit der Messung bewiesen. Sowohl die Wiederanlegelänge als auch der Basisdruck werden in der Simulation richtig wiedergegeben. Insbesondere liegt die Abweichung zwischen der berechneten und gemessenen Verkürzung der Wiederanlegelänge bei weniger als 0,1%. Der berechnete Basisdruck sowohl für die natürliche Strömung als auch für den angeregten Fall ist ca. 1 % niedriger als in der Messung. Nach dem Wiederanlegen weist die Simulation größere Druckbeiwerte auf. Dies ist vor allem auf die gröbere Diskretisierung in diesem Bereich zurückzuführen. Durch die Wiedergabe der wichtigsten Kenngrößen wird die Zuverlässigkeit des hier angewendeten numerischen Modells bestätigt.

6.1.3   Geschwindigkeitsprofile

In Abbildung 45 werden das gemessene und das berechnete Anströmungsgeschwindigkeitsprofil der natürlichen Strömung im Wandnahbereich kurz vor der Abrisskante bei $x/h = -0,2$ dargestellt. Eine turbulente Grenzschicht wird mit Hilfe eines Stolperdrahts im Experiment erzeugt. Das Geschwindigkeitsprofil, das mit einem Turbulenzmodell von EXA PowerFLOW® numerisch berechnet wird, stimmt gut mit den Messdaten überein. Die gute Überdeckung der in der Spannweite gemessenen Geschwindigkeiten charakterisiert die 2-Dimensionalität der ankommenden Strömung.

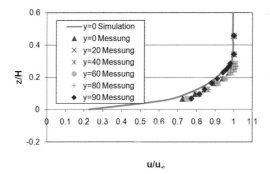

Abbildung 45:   Das gemessene und das berechnete Anströmungsgeschwindigkeitsprofil der natürlichen Strömung im Wandnahbereich kurz vor der Abrisskante bei $x/h = -0,2, y/h = 0$

In Abbildung 46 werden die gemessenen und berechneten mittleren Geschwindigkeitskomponenten der natürlichen Strömung in Anströmungsrichtung
$c_u(x)$ an den verschiedenen Positionen in x-Richtung dimensionslos dargestellt,
indem die x- und z-Koordinaten mit der Stufenhöhe und die mittleren Geschwindigkeiten mit der Anströmungsgeschwindigkeit u_∞ normiert werden. Die
Messung wurde mit Hilfe einer 1D-Hitzdrahtsonde durchgeführt, die sich auf
die Betragsmessung der Geschwindigkeitskomponente in der Anströmungsrichtung beschränkt.

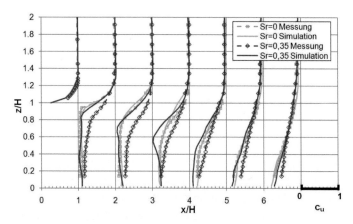

Abbildung 46: Gegenüberstellung der gemessenen und berechneten mittleren
Geschwindigkeitskomponenten der natürlichen Strömung und der
angeregten Strömung mit der Frequenz $Sr_H \approx 0,35$ und der Amplitude
$c_\mu \approx 0,0011$ in Anströmungsrichtung

Der Prozess der Scherschichtablösung lässt sich im Diagramm deutlich
verfolgen. Die ankommende Strömung, die eine turbulente Grenzschicht hat,
kann die plötzliche Erweiterung der Stufe nicht mehr verfolgen und löst sich an
der Hinterkante ab. Die Strömung aus dem Totwasser geht mit sehr geringer
Geschwindigkeit in die Außenströmung über. Der Übergangsbereich wird als
Scherschicht bezeichnet. In der Scherschicht besitzt die Geschwindigkeits-
komponete c_u den maximalen Gradient. Mit zunehmendem Abstand stromabwärts der Abrisskante breitet sich die Scherschicht aus und nähert sich der
Bodenplatte. Der maximale Geschwindigkeitsgradient nimmt allmählich ab. Da
die 1D-Hitzdrahtsonde nicht in der Lage ist, die negative Geschwindigkeit für

die Rückströmung zu erfassen, kann die Richtungsumkehr der mittleren Geschwindigkeitskomponente hier nicht als das Kriterium für die Wiederanlegeposition verwendet werden.

Zum Vergleich der gemessenen Daten wird die berechnete mittlere Geschwindigkeitskomponente c_u unter der Anregung mit der Frequenz $Sr_H \approx 0,35$ und der Amplitude $c_\mu \approx 0,0011$ in Abbildung 46 aufgetragen. Ebenfalls werden die dimensionsbehafteten Abstände auf die Stufenhöhe H und die mittleren Geschwindigkeiten auf die Anströmungsgeschwindigkeit u_∞ bezogen. Bis auf die eingeschaltete Anregung bleibt die Ausgangssituation unverändert. Die Änderung der Geschwindigkeitsprofile durch die Anregung ist klar zu erkennen. Die mittleren Geschwindigkeiten der natürlichen Strömung hinter der Stufe stromabwärts innerhalb ca. $x/H = 2$ sind nahezu bei Null, während die Geschwindigkeit der angeregte Strömung in diesem Bereich deutlich von Null abweicht. Dies ist ein Hinweis dafür, dass die Fluktuationen im Totwasser durch die Anregung verstärkt werden. Die angeregten Geschwindigkeitsgradienten sind steiler und die Scherschicht verbreitet sich schneller im Vergleich zum natürlichen Fall.

Dabei muss darauf geachtet werden, dass aufgrund der Einschränkung der 1D-Hitzdrahtsonde die Messungen in dem Bereich, wo die Luft mit einer starken negativen Geschwindigkeit zurückströmt, mit großer Unsicherheit behaftet sind. Insbesondere im Rückströmungsbereich der angeregten Ablösung zeigt sich eine starke Abweichung zwischen der Messung und der CFD-Simulation. Durch die periodische Anregung werden die Hin- und Herbewegungen in der Ablösung verstärkt. Da die 1D-Hitzdrahtsonde die Bewegungsrichtung nicht unterscheiden kann, ist eine Fehlerfortpflanzung im Ergebnis unvermeidlich. In diesem Fall liefert die 1D-Hitzdrahtsonde keine zuverlässigen Messergebnisse. Nachdem die abgelöste Strömung sich wieder anlegt, bewegt sich die Luft wieder überwiegend in der Hauptströmungsrichtung. Die Störung wird schwächer und die Abweichung zwischen der Messung und der CFD-Simulation sinkt wieder.

Um einen qualitativen Eindruck von den dynamischen Abläufen der Ablöseblase zu gewinnen, wurde die Strömung mit einer Rauchsonde durch die Beleuchtung visualisiert. Der Abstand zwischen den weißen Punkten auf der Mittellinie der Bodenplatte entspricht der Stufenhöhe. Der Unterschied zwischen der unbeeinflussten und der angeregten abgelösten Strömung ist in Abbildung 47 deutlich zu erkennen. Unter dem natürlichen Zustand entwickelt sich die Scherschicht bis zum Abstand von $x/H = 3$ langsam (Abbildung 47a). Der dunkle Bereich hinter der Stufe, der durch die Scherschicht von der Außenströmung getrennt wird, ist das Totwasser. Die mittlere Wiederanlegelänge liegt zwischen $x/H = 4$ und $x/H = 6$. Im Vergleich zu der unbeeinflussten Strömung verbreitet sich die Scherschicht durch die Anregung unmittelbar nach der Ablösung zu einem breiten Bereich (Abbildung 47b). Das Totwasser ist nicht mehr deutlich zu erkennen, da dieser Bereich von Fluid, das wegen dem Druckunterschied zurückströmt, aufgefüllt wird. Die Ablösezone ist kleiner geworden. Allerdings ist die Wiederanlegeposition nicht klar auf dem Rauchbild zu erkennen.

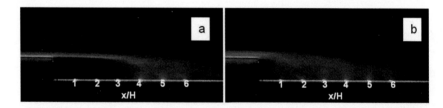

Abbildung 47:   Sichtbarmachung mit Hilfe der Rauchsonde (a): die natürlich abgelöste Strömung (b): die mit der Frequenz $Sr_H = 0,35$ und der Amplitude $c_\mu \approx 0,0011$ angeregte Ablösung

6.1.4   Basisdruckänderung

Der Luftwiderstand eines stumpfen Körpers wird vom Druckwiderstand dominiert. Zwischen dem Widerstandsbeiwert und dem Basisdruck besteht eine eindeutige Korrelation. Ein Basisdruckgewinn ist ein Kennzeichen dafür, dass durch die Anregung die aerodynamische Eigenschaft der Stufe hinsichtlich der Luftwiderstandreduzierung günstig beeinflusst wird. Außerdem ist die Basisdruckmessung einfach und schnell. Deswegen eignet sich die Basisdruckmessung besonders gut für die Überwachung der Widerstandsänderung, wenn der absolute Widerstand messtechnisch nicht direkt zugänglich ist.

Um die Wirkung der Anregung quantitativ darzustellen, wird ein sog. Druckrückgewinnfaktor eingeführt. Der Druckrückgewinnfaktor f ist definiert als das Verhältnis zwischen der Basisdruckänderung durch die Beeinflussung ΔC_{pB} und dem Betrag des Basisdrucks der unbeeinflussten Strömung $\left|C_{pB}\right|$ [15]:

$$f = \frac{\Delta C_{pB}}{\left|C_{pB}\right|} = \frac{C_{pB} - C_{pB0}}{\left|C_{pB0}\right|} \, 100\% \qquad (6.3)$$

Mit:

ΔC_{pB}: Basisdruckänderung durch die Beeinflussung

$\left|C_{pB}\right|$: Betrag des Basisdrucks der unbeeinflussten Strömung

Abbildung 48 zeigt den Verlauf des Druckrückgewinnfaktors in Abhängigkeit von der Anregungsfrequenz. Die experimentellen Untersuchungen wurden im Bereich der Anregungsfrequenzen bis $Sr_H = 1{,}75$ mit der Abtastfrequenz $\Delta S_{rH} = 0{,}0175$ durchgeführt, wobei die natürliche Strömung ohne die Beeinflussung mit $Sr_H = 0$ gekennzeichnet wird. Die dimensionslose Anregungsfrequenz Sr_H wird mit der Stufenhöhe H skaliert.

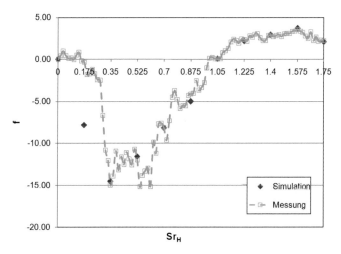

Abbildung 48: Gemessene und berechnete Druckrückgewinnfaktoren in der Abhängigkeit von der Anregungsfrequenz in Prozent

Der Basisdruck nimmt zuerst mit zunehmenden Anregungsfrequenzen schnell ab, bis das Minimum bei $Sr_H \approx 0{,}35$ erreicht wird. Wenn die Anregungsfrequenz weiter steigt, wird der Druckverlust an der Basisfläche teilweise kompensiert. Bei $Sr_H \approx 1{,}05$ wirkt sich die aktive Beeinflussung neutral aus, der Basisdruck ist wieder auf das Niveau der natürlichen Strömung angestiegen. Weitergehend steigt der Druckrückgewinnfaktor in den positiven Bereich. Dies bedeutet, dass ein Druckgewinn an der Basisfläche durch die hochfrequente Anregung erzielt wird. Der Luftwiderstand wird folglich reduziert. Bei $Sr_H \approx$ 1,575 weist die Basisdruckerhöhung eine Sättigung bei etwa 3,7% auf, danach nimmt die Basisdruckerhöhung wieder ab.

In der Simulation wurden die angeregten Konfigurationen mit einer Abtastfrequenz von $\Delta Sr_H = 0{,}175$ exemplarisch getestet, deren Ergebnisse in dem Diagramm punktuell aufgetragen sind. Im niederfrequenten Bereich, insbesondere bevor der Basisdruck das Minimum erreicht hat, besteht eine große Abweichung zwischen der Messung und der Simulation. Die maximale Abweichung des Druckrückgewinnfaktors beträgt ca. 7,5% bei $Sr_H = 0{,}175$. Diese Diskrepanz ist vermutlich auf die Eigenschwingung des Versuchsaufbaus zurückzuführen. In diesem Frequenzbereich wird der gesamte Versuchsaufbau so stark angeregt, dass die Strömungsbedingung global verändert wird. In diesem Fall wird die Anregung an der Ablösekante teilweise kompensiert, so dass ihre Wirkung schwächer ist als in der Simulation mit optimalen Einstellungen. Im Gegensatz dazu wird dieser Effekt in der Simulation nicht berücksichtigt. Außerhalb dieses Frequenzbereichs stimmt die Messung mit der Simulation gut überein. Insbesondere werden die wesentlichen Phänomene, wie beispielsweise die maximale Basisdruckabnahme bei $Sr_H = 0{,}35$ sowie der Druckgewinn an der Basis durch die hochfrequente Anregung, in der Simulation richtig wiedergegeben. Da der Fokus der Untersuchung auf der Basisdruckänderung liegt, ist die Zuverlässigkeit der Simulation in diesem Bereich dadurch bestätigt. Darüber hinaus wird die weitere Parametrisierung für die Anregung ausschließlich auf dem numerischen Modell durchgeführt.

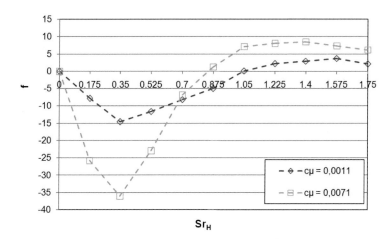

Abbildung 49: Einfluss der Anregungsamplitude auf die Basisdruckänderung

Neben der Frequenz spielt die Anregungsamplitude bei der Bildung der Wirbelstrukturen eine wichtige Rolle. Die numerische Untersuchung wurde mit einer anderen Anregungsamplitude erweitert. Die Basisdruckänderung mit den Frequenzen bei einer stärkeren Anregung mit einer Amplitude von $c_\mu \approx 0{,}0071$ ist in Abbildung 49 dargestellt.

Im Allgemeinen hat die stärkere Anregung eine größere Auswirkung auf die Wirbeldynamik. Im Bereich von niedrigen Frequenzen wird das Wachstum der Querwirbel durch die stärkere Anregung beschleunigt, während die Wirbelbildung der Scherschicht im hochfrequenten Bereich unterdrückt wird. Dies wird in Abbildung 49 durch die größere Basisdruckminderung vor $Sr_H = 0{,}7$ und anschließenden mehr Druckgewinn demonstriert. Durch die stärkere Anregung erreicht der Basisdruckgewinn bereits bei $Sr_H = 1{,}4$ die Sättigung. Danach fällt die Kurve langsam ab und nähert sich der Kurve der Anregung mit kleinerer Amplitude an.

6.1.5 Kriterien zur Beeinflussung der Stufenströmung

Die Entwicklung der Querwirbelstrukturen in der Scherschicht der Stufenströmung wird von der Kelvin-Helmholtz-Instabilität vorangetrieben. Wenn die

Scherschicht mit der Instabilitätsfrequenz der unbeeinflussten Stufenströmung angeregt wird, kann das maximale Wachstum der Querwirbelstrukturen erreicht werden. In diesem Fall kann sich die abgelöste Strömung im Vergleich zur natürlichen Ablösung früher wieder anlegen. Die minimale Ablöseblase wird erzielt.

Über die Existenz der effektivsten Anregungsfrequenzen wurde bisher in zahlreichen Untersuchungen diskutiert. Aber die Autoren konnten sich nicht auf eine definierte Kennzahl einigen. Der Hauptunterschied der Meinungen liegt in der Definition der charakteristischen Anregungsfrequenz. In der Untersuchung von Bhattacharjee et al. wurde die Anregungsfrequenz f_{a_eff} bei der größten Verkürzung der Wiederanlegelänge mit der Stufenhöhe H skaliert [80]:

$$Sr_H = \frac{f_{a\_eff} H}{U_\infty} \approx 0{,}3\mathord{\sim}0{,}4 \tag{6.4}$$

Die charakteristischen Wirbelstrukturen, die durch die Anregung bei bestimmten Frequenzen entstehen, werden als Mode der abgelösten Strömung definiert. Die dominierenden Querwirbelstrukturen in der Scherschicht der Stufenströmung, die durch Anregung der Scherschichtinstabilität entstehen, werden in der Untersuchung von Hasan als die Stufenmode bezeichnet [83][84]. Es besteht kein Zweifel daran, dass das räumliche Wachstum der Querwirbel durch die Stufenhöhe begrenzt wird. Allerdings spielt die Stufenhöhe nur dann eine große Rolle, wenn die Geometrie der Stufe das Wachstum der Querwirbel behindert. Unter der Anregung entwickeln sich die Querwirbel, bis dass sie die Bodenplatte der Stufe erreichen. Falls trotz zusätzlicher Energie die kohärenten Querwirbel bereits vor der Wiederanlegung zerfallen sind, hat die Geometrie der Stufe nur eine untergeordnete Bedeutung für die Entwicklung der Scherschicht. Da die Anregungsamplitude einen erheblichen Einfluss auf die Lebensdauer solcher kohärenten Wirbelstrukturen hat, weichen die Ergebnisse der verschiedenen Untersuchungen mit unterschiedlichen Anregungsamplituden voneinander ab. Wenn durch die starke Anregung die Querwirbel ihre kohärenten Strukturen bis zur Wiederanlegung beibehalten können, liegt die Frequenz für die Stufenmode im Bereich $Sr_H \approx 0{,}3\mathord{\sim}0{,}4$. Die Strouhal-Zahl der Stufenmode der vorliegenden Arbeit beträgt $Sr_H \approx 0,35$ und stimmt mit dem Ergebnis u.a. von Bhattacharjee et al. überein [80].

Eine andere Sichtweise zur Definition der dimensionslosen Anregungsfrequenz besteht darin, dass die Instabilitätsfrequenz f_{inst} in der Scherschicht der Stufenströmung mit der Impulsverlustdicke δ_2 skaliert wird. Für die laminare Grenzschicht wurde eine Strouhal-Zahl für die Anregungsfrequenz bei der maximalen Verkürzung der Wiederanlegelänge von Hasan erfasst [84]:

$$Sr_{\delta_2} = \frac{f_{inst}\delta_2}{u_\infty} \approx 0,014 \qquad (6.5)$$

Die mit der Impulsverlustdicke δ_2 skalierte Strouhal-Zahl wurde von Hasan als die Anregungsfrequenz für die Scherschichtmode definiert [84]. Der Wert einer transitionellen Stufenströmung in der Untersuchung von Huppertz, deren Umschlag zwischen der Ablösekante und dem Wiederanlegen liegt, weicht nur geringfügig davon ab [63]. Eine turbulente Grenzschicht wird in der vorliegenden Arbeit mit einem Stolperdraht erzeugt. Die mit der Impulsverlustdicke skalierte Strouhal-Zahl Sr_{δ_2} beträgt ca. 0,0148 und befindet sich in guter Übereinstimmung mit der Frequenz für die Scherschichtmode in anderen Grenzschichtzuständen. Die Definition mit der Impulsverlustdicke δ_2 hat eine allgemeine Gültigkeit zur Beschreibung der beeinflussten Ablösung, da das instabile Verhalten der Scherschicht von dem Grenzschichtzustand der Anströmung bestimmt wird.

Analog kann die effektivste hohe Anregungsfrequenz zur Erhöhung des Basisdrucks mit der Impulsverlustdicke skaliert werden. Da die Scherschicht durch die hochfrequente Anregung stabilisiert wird, hat die Stufenhöhe kaum Einfluss auf die Wirbelentwicklung in der Scherschicht. Aus diesem Grund kann die Wirkung der Strömungsbeeinflussung durch die Skalierung mit der Impulsverlustdicke sinnvoll dargestellt werden. Zum Unterscheiden der von Hasan identifizierte Scherschichtmode werden die Wirbelstrukturen unter der Anregung mit der effektivsten Hochfrequenz in der vorliegenden Arbeit als die hochfrequente Scherschichtmode bezeichnet. Die Strouhal-Zahl der hochfrequenten Scherschichtmode Sr_{δ_2} beträgt 0,067. In Tabelle 1 werden die Anregungsfrequenzen und die entsprechenden Wirbelstrukturen sowie die charakteristischen Merkmale zusammengestellt.

Tabelle 1: Kriterien zur Beeinflussung der Stufenströmung

Anregungsfrequenz	Wirbelstruktur	Char. Merkmal
$Sr_H \approx 0{,}3\sim0{,}4.$	Stufenmode [83][84]	$x_R = mininal$ $p_B = mininal$
$Sr_{\delta_2} \approx 0{,}014$	Scherschichtmode [84]	$x_R = mininal$ $p_B = mininal$
$Sr_{\delta_2} \approx 0{,}067$	hochfrequente Scher-schichtmode	$p_B = maximal$

6.2 Aktive Beeinflussung der Strömung hinter einem 2D Körper

Bei dem hier genannten 2D-Körper handelt es sich um eine Erweiterung des Stufenmodells, indem der Vorderkörper um die x-y-Ebene bei z=0 gespiegelt und die Bodenplatte entfernt wird. Bis auf die Körperhöhe bleiben sämtliche Maße unverändert, wobei durch die Entfernung der Bodenplatte die Körperhöhe von 17,5 mm auf 40 mm erweitert wird. Die Anströmungsbedingung vor der Ablösekante ist in der Spannweite homogen und ändert sich nur in der x-z-Ebene. Die Modifikation des Stufenmodells gewährleistet einen strömungs-begünstigten Vorderkörper des 2D-Körpers, bei dem die Strömung ohne Ab-lösung bis zu den geraden Hinterkanten geleitet werden kann. Das 2D-Körper-Modell wird häufig zur Untersuchung der Umströmung eines Busses oder Last-wagens eingesetzt.

Die Ablösung hinter einem 2D-Körper ist ein klassisches Beispiel für die zweiseitigen Ablösungen mit Scherschichtinteraktion. Die Strömung kommt mit einer turbulenten Grenzschicht, die durch einen Stolperdraht erzeugt wird, an den Hinterkanten an und löst sich dort ab. Zuerst entstehen wie bei der einseiti-gen Ablösung hinter einer Stufe die Scherschichten gleichzeitig an den oberen- und unteren Hinterkanten des 2D-Körpers, die die unterschiedlichen Geschwin-digkeiten zwischen dem Totwasser und der Außenströmung voneinander trennen. Die wesentlich unterschiedlichen Wirbelstrukturen erscheinen erst dann, wenn sich die beiden Scherschichten treffen und es zu Wechselwirkungen kommt. Unter der absoluten Instabilität bilden sich die periodisch alternierenden Strukturen im Nachlauf [39]. Die Serie der versetzten zugeordneten Wirbel wird als Kármán-Wirbelstraße bezeichnet. Die Ablösung hinter dem 2D-Körper induziert einen großen Unterdruck an der Basis und folglich einen hohen Druckwiderstand. In Abbildung 50 wird die Kármán-Wirbelstraße im Nachlauf des 2D-Körpers schematisch dargestellt.

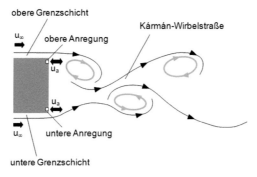

Abbildung 50: Schematische Darstellung der aktiven Beeinflussung des Strömungsfeldes hinter einem 2D-Körper

Im Folgenden wird die Parameterstudie zur aktiven Strömungsbeeinflussung am 2D-Körper mit Hilfe der parallelen CFD-Simulation durchgeführt, die durch den Vergleich mit Experimenten validiert ist.

6.2.1   Leistungsspektrum

Um die effektiven Anregungsfrequenzen zu identifizieren, wird zuerst das Leistungsdichtespektrum des dimensionslosen statischen Druckbeiwertes eines virtuellen Messpunkts analysiert. Der virtuelle Messpunkt wird bei $(x, y, z) = (0,2H, 0, 0,5H)$ positioniert und kann das Strömungsfeld nicht stören. Die Frequenz wird als die dimensionslose Strouhal-Zahl dargestellt, die auf die Körperhöhe H bezogen ist. Die Amplitude des Leistungsdichtespektrums gibt an, wie stark die Leistung einer Struktur bei einer bestimmten Frequenz ist.

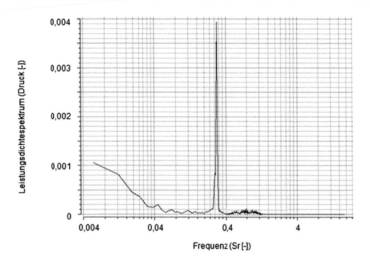

Abbildung 51: Leistungsdichtespektrum des dimensionslosen statischen Druckbeiwertes des virtuellen Messpunkts des 2D-Köpers

Im Diagramm des Leistungsdichtespektrums (Abbildung 51) ist eine sehr
große Amplitude bei $Sr_H = 0{,}3$ zu erkennen, die auf eine starke kohärente
Wirbelstruktur mit hoher Energie hinweist. Hier handelt es sich um die Kármán-
Wirbelstraße, deren Eigenfrequenz bei der Bestimmung der effektivsten Anregungsparameter eine Schlüsselrolle spielt. Die hier identifizierte Frequenz
liegt im Bereich der typischen Frequenzen für die absolute Instabilität des
Zylindernachlaufs $Sr_D = 0{,}2{\sim}0{,}5$ [15].

In der Scherschicht des 2D-Körpers überlagern sich viel kleinere Wirbelstrukturen, deren Frequenzen sich auf ein breites Spektrum verteilen. Dies erscheint in Abbildung 51 zwischen $Sr_H = 0{,}4$ und $Sr_H = 1{,}2$. Aufgrund der gleichen Ausgangsbedingungen am Vorderkörper, bilden sich die identischen
Grenzschichten an den Hinterkanten wie an der Stufe. Daher ergibt sich eine
gleiche Impulsverlustdicke an den Ablösekanten. Ohne den Einfluss der Bodenplatte auf der Scherschicht eignet sich die an der Stufe beobachteten Scherschichtmode gut, die Entwicklung der Querwirbelstrukturen in der Scherschicht
des 2D-Körpers zu beschreiben, solange die Wechselwirkungen zwischen den
beiden Scherschichten noch nicht stattfinden. Die auf der Körperhohe bezogene
Strouhal-Zahl $Sr_H = 0{,}6$ entspricht der Strouhal-Zahl bezüglich der Impuls-

verlustdicke $Sr_{\delta_2} \approx 0{,}0111$. Diese Strouhal-Zahl liegt im Bereich der Frequenz für die Scherschichtmode.

6.2.2 Widerstandsänderung

Der Luftwiderstand des 2D-Körpers wird durch den dimensionslosen Widerstandsbeiwert dargestellt, der sich aus der Windkraft gegen die Fahrtrichtung resultiert.

$$c_D = \frac{F_x}{\frac{1}{2}\rho_L U_\infty^2 A} \tag{6.6}$$

Mit:

F_x: Windkraft gegen die Fahrtrichtung

ρ_L: Dichte der Strömung

U_∞:   Anströmungsgeschwindigkeit

A: Stirnfläche

Um die Effekte der Strömungsbeeinflussung zu verdeutlichen, werden die Luftwiderstandsbeiwerte unter den Anregungen auf den unbeeinflussten Fall bezogen. Die Bestimmung der Widerstandsänderung erfolgt durch die numerische Simulation.

$$\Delta c_w \ [\%] = \frac{c_{wa} - c_{w0}}{c_{w0}} \cdot 100\% \tag{6.7}$$

Mit:

c_{wa}:   Luftwiderstandsbeiwert der angeregten Strömung

c_{w0}:   Luftwiderstandsbeiwert der unbeeinflussten Strömung

Abbildung 52 zeigt die relativen Widerstandsänderungen in Abhängigkeit von der Anregungsfrequenz. Die Amplitude der Anregungsströmung beträgt $c_\mu \approx 0{,}05$. Die Strouhal-Zahl wird auf die Körperhöhe H bezogen. Ausgangspunkt ist die Eigenfrequenz der Kármán-Wirbelstraße hinter dem 2D-Körper $Sr_H = 0{,}3$. Darüber hinaus wird der Anregungsbereich durch die subharmonische Frequenz $Sr_H = 0{,}15$ sowie die fundamentalen Frequenzen hoher Ordnung

$Sr_H = 0{,}6$, $Sr_H = 0{,}9$, $Sr_H = 1{,}2$ erweitert. Außerdem wird die abgelöste Strömung mit einer wesentlich höheren Frequenz von $Sr_H = 4$, die der Strouhal-Zahl der hochfrequenten Scherschichtmode bezüglich der Impulsverlustdicke $Sr_{\delta_2} = 0{,}06$ entspricht, zum Erzielen der Hochfrequenten Scherschichtmode angeregt. Das Ergebnis wird ebenfalls in Abbildung 52 eingetragen.

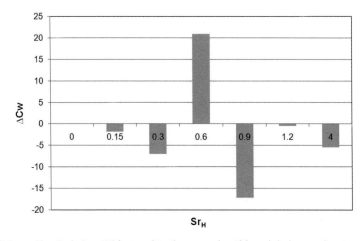

Abbildung 52: Relative Widerstandsänderungen in Abhängigkeit von der Anregungsfrequenz in Prozent

Wenn die Anregungsfrequenz die Eigenfrequenz der Kármán-Wirbelstraße trifft ($Sr_H = 0{,}3$), wird der Luftwiderstand durch die Strömungsbeeinflussung um 7% reduziert, Das beste Ergebnis von 17,1 % der Luftwiderstandsreduzierung wird bei der 3-Fachen Eigenfrequenz, d.h. $Sr_H = 0{,}9$, erzielt. Durch die Anregung mit der Frequenz der hochfrequenten Scherschichtmode $Sr_H = 4$ ($Sr_{\delta_2} = 0{,}06$) kann eine Abnahme des Luftwiderstands von 5,4% erreicht werden. Im Gegensatz zur Anregung mit der Eigenfrequenz der Kármán-Wirbelstraße beruht das Prinzip der Anregung zur hochfrequenten Scherschichtmode auf der Stabilisierung der Scherschicht. Bei der Anregung mit der 2-Fachen Eigenfrequenz der Kármán-Wirbelstraße $Sr_H = 0{,}6$ bewirkt die Strömungsbeeinflussung genau das Gegenteil. Der Luftwiderstandsbeiwert hat um 20,9 % zugenommen. Wenn die Ablösung mit der 4-fachen Eigenfrequenz $Sr_H = 1{,}2$ angeregt wird, lässt sich der Luftwiderstand kaum beeinflussen. Die Anregung ist nahezu wirkungslos.

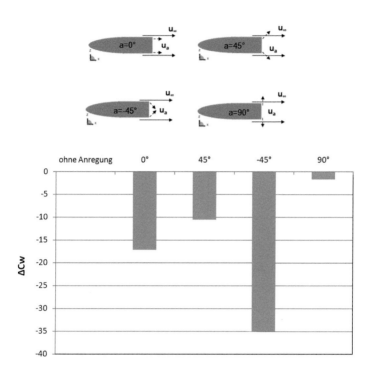

Abbildung 53: Einfluss der Anregungsrichtung auf die Widerstandsänderung in Prozent

In den oben genannten Beispielen wird davon ausgegangen, dass die Anregungsrichtung parallel zur Anströmung ist. Im Folgenden wird die Auswirkung der Anregungsrichtung auf den Luftwiderstand untersucht, wobei die effektivste Anregungsfrequenz $Sr_H = 0,9$ angenommen wird. Die Widerstandsändergungen der drei zusätzlichen Konfigurationen mit unterschiedlichen Anregungsrichtungen werden in Abbildung 53 veranschaulicht.

Es ist zu erkennen, dass die Anregungsrichtung ebenfalls ein relevanter Parameter für die Wirbelentwicklung im Nachlauf ist. Im Vergleich zur Anregung parallel zur Anströmungsrichtung sind die Anregungen mit Schrägströmungen allgemein effektiver. Wenn sich die zusätzliche Strömung zur Anregung nach außen zur ungestörten Anströmung richtet, wird der Anregungswinkel als 45 °

definiert. In diesem Fall wird der Luftwiderstand um 10,5% bezüglich der unbeeinflussten Strömung reduziert. Die Anregung hat einen Winkel von -45 °,
wenn die Anregungsströmung nach innen zur Mitte des Körpers zeigt. Bei einem - 45 ° Anregungswinkel nimmt der Luftwiderstand weiter ab und eine Luftwiderstandsreduktion von 34,9% im Vergleich zu der unbeeinflussten Strömung
wird erreicht. Mit der Luftwiderstandsabnahme von 1,7% wird gezeigt, dass die
Anregung mit einem Winkel von 90 ° nur einen geringfügigen Einfluss auf den
Luftwiderstand hat, da die Scherschichtentwicklung durch die zur Anströmung
senkrechte Anregung nicht wesentlich beeinflusst werden kann.

6.2.3   Strömungsfelder

Um einen Eindruck über die Auswirkung der Strömungsbeeinflussung zu gewinnen, werden die Strömungsfelder sowohl von der natürlichen als auch von
den beeinflussten Strömungen betrachtet und miteinander verglichen. Im Folgenden wird auf die mittleren Geschwindigkeiten und die mittleren statischen
Drücke eingegangen. Des Weiteren werden die momentanen Y-Wirbelstärken
bei dem natürlichen und beeinflussten Fall näher beobachtet. Die Details der
Strukturänderung werden durch die numerischen Ergebnisse mit zeitlich hoher
Auflösung dargestellt.

Gemittelte Geschwindigkeit

In Abbildung 54 werden die zeitlich gemittelten Geschwindigkeitsfelder des
Nachlaufs in der x-z-Ebene bei $y = 0$ für die natürliche und die beeinflussten
Strömungen gegenübergestellt. Die Geschwindigkeitsvektoren werden mit Pfeilen dargestellt, deren Länge dem Geschwindigkeitsbetrag entspricht. Zusätzlich
wird der Geschwindigkeitsbetrag mit Farben skaliert. Die Strömung wird durch
die Anregungen mit den Frequenzen $Sr_H = 0,6$, $Sr_H = 0,9$ und $Sr_H = 4$
($Sr_{\delta 2} = 0,06$) beeinflusst, die jeweils die positive und die negative Auswirkung
der Strömungsbeeinflussung sowie die hochfrequente Anregung zur hochfrequenten Scherschichtmode repräsentiert. Die Daten stammen aus der CFD-
Simulation und werden über die dimensionslose Dauer $T = (t \cdot u)/H = 10$
gemittelt. Diese Zeit entspricht den ganzzahligen Perioden der jeweiligen An-

regungen. Die Anregung erfolgt bei dem gleichphasigen Signal mit einer Amplitude von $c_\mu \approx 0{,}05$.

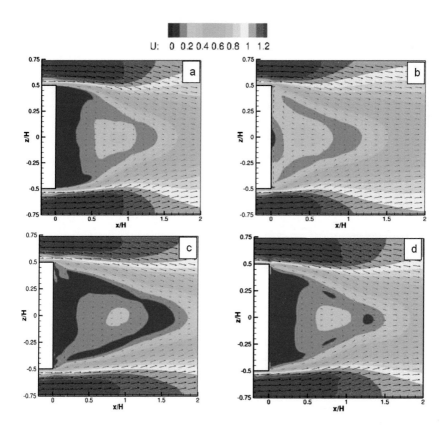

Abbildung 54: Zeitlich gemittelte Geschwindigkeitsfelder des Nachlaufs in der x-z-Ebene bei $y = 0$ für (a): die natürliche Strömung und die beeinflussten Strömungen mit jeweils (b): $Sr_H = 0{,}6$, $\Delta c_w = 20{,}9\ \%$ (c): $Sr_H = 0{,}9$, $\Delta c_w = -17{,}1\ \%$ (d): $Sr_H = 4$, $\Delta c_w = -5{,}4\ \%$

Im Allgemeinen ist eine symmetrische Struktur um die x-Achse in den mittleren Geschwindigkeitsfeldern zu erkennen. Die Strömungen lösen sich an den Hinterkanten des 2D-Körpers ab. An der Basis befindet sich der Bereich des Totwassers, in dem das Fluid kaum Bewegung hat. Von der ungestörten Außenströmung zu dem Totwasser verändert sich die Strömungsgeschwindigkeit allmählich. Der Übergangsbereich wird als die Scherschicht bezeichnet, deren Wachstum eine entscheidende Rolle bei der Strömungsbeeinflussung spielt.

In Abbildung 54a wird die natürlich abgelöste Strömung hinter dem 2D-Körper dargestellt. In der anfänglichen Phase der Scherschicht entwickeln sich kleine Störungen sehr langsam. Die Scherschichten sind sanft nach innen gekrümmt. Ab $x/H = 0,4$ nimmt die Dicke der Scherschichten stark zu. In der Mitte des Körpers bei $z/H = 0$ zwischen zwei nahezu symmetrischen Scherschichten tritt eine ausgeprägte Rückströmung in Erscheinung. Die beiden Scherschichten schließen sich bei $x/H = 1,5$ zusammen. Danach richtet sich die abgelöste Strömung allmählich wieder in die Anströmungsrichtung, deren Geschwindigkeiten aufgrund des Energieverlusts in den Wirbeln stark abnehmen.

Die angeregte abgelöste Strömung mit der der Anregungsfrequenz von $Sr_H = 0,9$ wird in Abbildung 54c dargestellt. In diesem Fall wird eine Widerstandsreduzierung von 17,1 % erreicht. Der Übergangsbereich von der Außenströmung (rot) zu dem Totwasser (blau) weist auf die Scherschicht hin. In der Entstehungsphase ist dieser Bereich etwas dicker als die natürliche Scherschicht, da die Schwingungen kleiner Störungen durch die künstliche Anregung verstärkt werden. Jedoch sind keine Knicke an den inneren Rändern der Scherschichten zu sehen. Stattdessen nimmt die Dicke der Scherschicht mit dem Abstand zur Ablösekante nahezu linear zu. Stromabwärts von $x/H = 0,5$ ist das Wachstum der Scherschichten im Vergleich zum unbeeinflussten Fall etwas langsamer. Die Scherschichten treffen sich letztendlich erst weiter stromabwärts bei $x/H = 1,9$. Der Bereich des Totwassers ist in diesem Fall am größten.

Durch die Anregung mit der Frequenz der hochfrequenten Scherschichtmode von $Sr_{\delta_2} = 0,06$, die der Strouhal-Zahl $Sr_H = 4$ bezüglich der Körperhöhe entspricht, wird die Beeinflussbarkeit der Scherschicht eines 2D-Körpers in Abbildung 54d bewiesen. Die Scherschicht wird durch die externe Energiezufuhr stabilisiert und daraus resultiert eine Widerstandsreduzierung von 5,4 %. Das Wachstum der Scherschichten unterteilt sich in zwei Bereiche. Unmittelbar unterhalb der Ablösekanten ist die Scherschicht aufgrund der zusätzlichen Anregung etwas dicker als beim natürlichen Zustand. Allerdings ab ca. $x/H = 0,6$ verbreitert sich die beeinflusste Scherschicht langsamer als die natürliche Scherschicht. Der Treffpunkt der beiden Scherschichten wird stromabwärts um ca.

$x/H = 0,1$ verschoben. Das Totwassergebiet wird durch die Anregung vergrößert.

In Abbildung 54b wird gezeigt, dass sich die Strömungen bei dem angeregten Fall mit $Sr_H = 0,6$ unmittelbar hinter den Abrisskanten nach innen richten
und die Krümmung der Scherschichten am stärksten ist. Die Scherschicht breitet
sich schnell aus. Bis auf ein kleines Totwassergebiet im Bereich $\pm 0,05\, z/H$ ist
die Luft im Nachlauf in Bewegung. Das Totwasser ist deutlich kleiner als bei
den anderen Fällen.

Gemittelter statischer Druck

Die Luftwiderstandsänderung lässt sich durch den Einfluss der Anregung auf
dem gemittelten statischen Druck erklären. Der Unterschied zwischen der natürlichen und den beeinflussten Strömungen, insbesondere in der Nähe von der
Basisfläche, ist deutlich zu erkennen. In Abbildung 55 werden die zeitlich gemittelten statischen Drücke farbig dargestellt. Die hier zu beobachtenden
Schnittebenen befinden sich in der x-z-Ebene bei $y = 0$. Die Daten, die über die
dimensionslose Dauer $T = 10$ gemittelt werden, stammen aus den CFD-Simula-
tionen.

Eine günstige Anregung sorgt dafür, dass die Wirbel in der abgelösten
Strömung abgeschwächt und gleichzeitig möglich weit stromabwärts von der
Basisfläche verschoben werden sollen [15]. Daraus folgt die Basisdruckerhöhung bzw. die Luftwiderstandsreduzierung. Dies trifft bei den angeregten Fällen
mit der Frequenz von $Sr_H = 0,9$ besonders gut zu (Abbildung 55c). Im Vergleich zu dem unbeeinflussten Fall ist in Abbildung 55c eine erhebliche Druckerhöhung in der Nähe der Basis durch die Anregung mit $Sr_H = 0,9$ zu erkennen.
Gleichzeitig ist der minimale Druck deutlich erhöht.

In Abbildung 55d wird gezeigt, dass mit Hilfe der Zufuhr der hoch energie-
tischen Anregung mit $Sr_H = 4$ ($Sr_{\delta2} = 0,06$) in die Scherschichten der Basisdruck angehoben werden kann. Allerdings induzieren die zusätzlichen Instabilitäten im Bereich der beiden Ablösekanten sehr niedrigen Druck, der die Basisdruckerhöhung teilweise kompensieren kann. Ein Nachteil der hochfrequenten
Strömungsbeeinflussung ist jedoch, dass eine solche Methode immer mit einem
großen Energieaufwand verbunden ist.

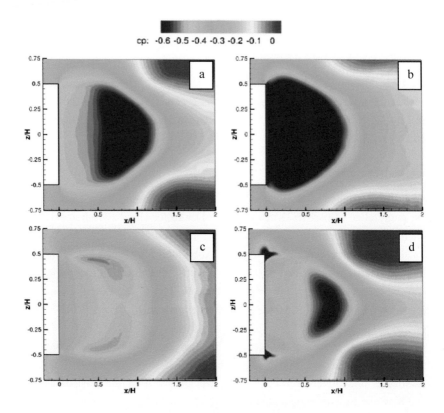

Abbildung 55: Zeitlich gemittelte statische Druckverteilungen des Nachlaufs in der x-z-Ebene bei $y = 0$ für (a): die natürliche Strömung und die beeinflussten Strömungen mit jeweils (b): $Sr_H = 0,6$, $\Delta c_w = 20,9$ % (c): $Sr_H = 0,9$, $\Delta c_w = -17,1$ % (d): $Sr_H = 4$, $\Delta c_w = -5,4$ %

Falls die abgelöste Strömung wie in Abbildung 55b mit der Frequenz von $Sr_H = 0,6$ angeregt wird, führt die Strömungsbeeinflussung zu einem unerwünschten Ergebnis. Der Unterdruck wird dadurch verstärkt und verlagert sich näher an die Basis. Infolgedessen ist eine ungünstige Widerstandszunahme unvermeidlich.

Instationäre Y-Wirbelstärke

Die Größe und Stärke eines Wirbels in einem Strömungsfeld lassen sich durch die Wirbelstärke beschreiben. Die Y-Wirbelstärke ω_y eines Wirbels, der sich in der x-z-Ebene befindet und dessen Achse parallel zur Y-Achse verläuft, berechnet sich mit

$$\omega_y = \frac{\partial v}{\partial x} - \frac{\partial u}{\partial z} \qquad (6.8)$$

Wobei u, v jeweils der Geschwindigkeitskomponente in x- und z-Richtung entsprechen.

Da die Periodizität der Wirbelstrukturen bei der Auslegung der Beeinflussungsstrategie eine Schlüsselrolle spielt, ist eine instationäre Betrachtung der Wirbelstärke zum Verdeutlichen der Strömungsmechanismen der ausgewählten Methode von großer Bedeutung. In den momentanen Wirbelstärkenfeldern wird die Zeitabhängigkeit der Strukturänderung durch die periodische Anregung deutlich wiedergegeben. Bei den angeregten Konfigurationen werden die momentanen Aufnahmen der instationären Querwirbelstärken ω_y dargestellt, die den folgenden Anregungsphasen einer fundamentalen Periode entsprechen:

$$\varphi = \frac{n}{2}\pi \;\; (mit\; n = 0, 1, 2, 3) \qquad (6.9)$$

In Abbildung 56 werden die Querwirbelstärken ω_y der natürlichen Strömung sowie der angeregten Strömung mit den Frequenzen $Sr_H = 0,6$; $Sr_H = 0,9$ und $Sr_H = 4$ ($Sr_{\delta 2} = 0,06$) für verschiedene Anregungsphasen φ einer fundamentalen Periode gegenübergestellt. Diese drei Anregungsfrequenzen können die typischen Effekte der Anregung repräsentieren. Zusätzlich werden die Querwirbelstärken der unbeeinflussten Strömung zum Verdeutlichen der Wirbelstrukturänderung durch die Strömungsbeeinflussung ergänzt. Der Aufnahmezeitpunkt entspricht der 1/4 –Periode der natürlichen Kármán-Wirbelstraße.

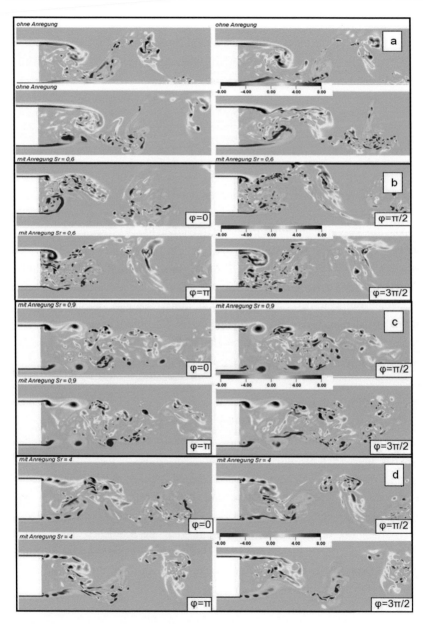

Abbildung 56: Momentane Querwirbelstärken ω_y

In Abbildung 56a wird die Wirbelentwicklung der natürlich abgelösten Strömung mit Hilfe der Y-Wirbelstärke visualisiert. Während die untere Scherschicht anfängt, sich dicht an der Basisfläche nach innen zu krümmen, befindet sich der große Wirbel in der oberen Scherschicht etwas weiter stromabwärts. Die Wirbel in den beiden Scherschichten drehen sich einwärts und nähern sich stromabwärts an. Stromabwärts treffen sie sich auf der Höhe der Mittellinie. Danach zerplatzen die großen Wirbel zu vielen kleinen Wirbeln. Diese haben eine starke Rückwirkung auf den Druck der Basisfläche. Die beiden Scherschichten nehmen ständig Energie auf und expandieren zu großen Wirbeln. Die Wirbel in den beiden Scherschichten bilden eine typische Struktur der Kármán-Wirbelstraße. Die zerplatzten kleinen Wirbel schwimmen stromabwärts auf einer Zick-Zack-Spur. Der Prozess wiederholt sich alternierend von beiden Seiten. Der Nachlauf wird von der absoluten Instabilität dominiert [39]. Die Dissipation der kinetischen Energie der Strömung in den Wirbeln induziert einen hohen Luftwiderstand des Körpers.

In Abbildung 56c wird das beste Ergebnis mit 17,1 % Luftwiderstandsreduzierung durch die Strömungsbeeinflussung mit der Anregungsfrequenz der 3-fachen Eigenfrequenz der Kármán-Wirbelstraße bzw. $Sr_H = 0,9$ erzielt. Mit Hilfe der gleichphasigen Anregungen an den Abrisskanten, die durch zwei Aktuatoren mit einem harmonischen, monofrequenten Anregungssignal realisiert werden, rollen sich die obere und untere Scherschicht gleichzeitig auf. Die versetzten Wirbel werden vollständig synchronisiert. Die Wechselwirkung der beiden Wirbel wird blockiert. Die typische Struktur der Kármán-Wirbelstraße ist nicht zu erkennen, stattdessen verläuft die Wirbelstraße nahezu auf der geraden Linie. Die Wirbel können sich erst weiter stromabwärts treffen und zu einem großen Wirbelgebiet verschmelzen. Der von den Wirbeln induzierte Unterdruckbereich in der Nähe der Basis wird dadurch verringert und der Luftwiderstand wird folglich reduziert.

Mit der Anregungsfrequenz für die hochfrequente Scherschichtmode $Sr_H = 4$ ($Sr_{\delta 2} = 0,06$) kann eine Abnahme des Luftwiderstands von 5,4 % erreicht werden. Das Prinzip der hochfrequenten Anregung beruht auf der Stabilisierung der Scherschicht. Es ist in Abbildung 56d deutlich zu erkennen, dass die beiden Scherschichten durch die hochfrequente Anregung stetig unterbrochen werden. Dadurch wird das Wachstum der Wirbel in der Scherschicht unterdrückt. Die Entstehung der großen Wirbel wird etwas verzögert. Der negative Einfluss der Wirbel auf den Basisdruck wird abgemildert. Die Wirbelstrukturen der einzelnen Scherschichten sind vergleichbar mit der hochfrequenten Scherschichtmode in der Stufenströmung. Jedoch ist das Verfahren zur Stabilisierung der Scherschicht mit einem hohen Energieaufwand verbunden. Außerdem können diese kurzwelligen Schwingungen der Anregung die absolute Instabilität der Kármán-Wirbelstraße, die hauptsächlich für den Luftwiderstand des Körpers verantwortlich ist, nicht verändern. Sowohl die Struktur als auch die Intensität des Nachlaufs lassen sich trotz eines hohen Energieaufwands nicht wesentlich verändern.

Zum Schluss wird die negative Auswirkung der Anregung mit der 2-fachen Eigenfrequenz der Kármán-Wirbelstraße $Sr_H = 0,6$ in Abbildung 56b erklärt. Durch die Anregung mit der 2-fachen Eigenfrequenz der Kármán-Wirbelstraße werden zwei große Wirbelstrukturen intensiviert, die einen starken Energieverlust induzieren. Dadurch wird eine Luftwiderstanderhöhung von 20,9 % hervorgerufen. Die Anregung synchronisiert zwar die Wirbel in beiden Scherschichten, begünstigt aber auch die Bildung der Querwirbel, die evtl. auf die Wirbelpaarung zurückzuführen sind. Der Treffpunkt der Wirbel in den beiden Scherschichten wird somit dichter an die Basisfläche verschoben. Die gesamte Wirkung der Wirbel wird verstärkt und der Druckverlust an der Basis wird dadurch vergrößert. Als Folge nimmt der Luftwiderstand zu.

6.2.4   Kriterien zur Beeinflussung der Ablösung des 2D-Körpers

Auf der Basis der numerischen Simulation wird im Folgenden über die Möglichkeiten zur Beeinflussung der aerodynamischen Eigenschaften eines Körpers durch eine künstliche Manipulation der Wirbelstrukturen diskutiert. Darüber hinaus werden einige charakteristische Strouhal-Zahlen zur Beschreibung der beeinflussten Wirbelstrukturen erfasst, die zur Vorhersage der effektivsten Frequenz für die Anregung der vergleichbaren Konfiguration mit unbekannten Randbedingungen beitragen können. In Tabelle 2 werden die Kriterien für die Anregungsfrequenzen zusammengefasst.

Die Eigenfrequenz der Kármán-Wirbelstraße ist für die Bestimmung der effektiven Anregungsfrequenzen von fundamentaler Bedeutung. Wenn die Anregungsfrequenz die Eigenfrequenz der Kármán-Wirbelstraße trifft, wird die Eigenschwingung der Kármán-Wirbelstraße durch die synchronisierten Wirbel in den beiden Scherschichten kompensiert. Die Bildung der großen Wirbel wird weiter stromabwärts verschoben. Gleichzeitig strömen nur wenige kleine Wirbel, die durch das Zusammenstoßen der oberen- und unteren Wirbel in den beiden Scherschichten entstehen, an die Basisfläche zurück. So wird der Basisdruck, der von den Wirbeln induziert ist, aufgehoben. Daraus folgt eine Abnahme des Luftwiderstands

Tabelle 2:   Kriterien zur Beeinflussung der Ablösung des 2D-Körpers

Anregungsfrequenz	Wirbelstruktur	Luftwiderstand
$f_a \approx f_{KW}$.	Synchronisierte KW	$c_w \; kleiner$
$f_a \approx 2 \cdot f_{KW}$.	Synchronisierte KW, größere Querwirbel	$c_w = maximal$
$f_a \approx 3 \cdot f_{KW}$.	Synchronisierte KW, kleinere Querwirbel	$c_w = mininal$
$Sr_{\delta_2} \approx 0{,}06$	hochfrequente Scherschichtmode	$c_w \; kleiner$

Wenn die diskreten Wirbel an den beiden Ablösekanten durch die Anregung mit den vorgegebenen Geschwindigkeiten verlaufen, die in der vorliegenden Untersuchung der 3-fachen Eigenfrequenz der Kármán-Wirbelstraße entspricht, wird nicht nur die Entstehung der Wirbel synchronisiert, sondern auch deren Wachstum unterdrückt. Zugleich wird der Einfluss der zerplatzten Wirbel auf den Basisdruck minimiert. In diesem Fall ist der Basisdruck auf dem höchsten Stand und das Minimum des Luftwiderstands wird erreicht. Bei der Anregung mit der 2-Fachen Eigenfrequenz der Kármán-Wirbelstraße ist eine ähnliche Wirbelstruktur wie bei der Scherschichtmode zu beobachten. Die Querwirbel in der Scherschicht einer Stufenströmung besitzen die maximale Entwicklungsgeschwindigkeit. Durch die Anregung breiten sich die Querwirbel mit der Scherschichtmode so schnell aus, dass sie bereits dicht an der Basisfläche die Wirbel in der anderen Scherschicht erreichen. Die kleinen Wirbel, die nach dem Zu-

sammenstoßen der großen Wirbel entstehen, sammeln sich in der Nähe der Basis. Dies induziert einen großen Energieverlust und einen damit verbundenen
Luftwiderstand.

Eine vergleichbare Struktur wie die hochfrequente Scherschichtmode der
Stufenströmung lässt sich in den hochfrequent angeregten Scherschichten hinter
dem 2D-Köper wiederfinden. Unter Berücksichtigung der Impulsverlustdicke
stimmt die Anregungsfrequenz $Sr_{\delta 2} = 0{,}06$ mit dem Fall der Stufenströmung
gut überein. Insbesondere in der Anfangsphase werden die Scherschichten durch
die hochfrequente Anregung stabilisiert. Die Expansion der Scherschicht wird
dadurch unterdrückt, dass die Bildung der Querwirbel ständig unterbrochen
wird. Allerdings können die zusätzlichen Schwingungen wegen der kurzen
Wellenlänge die Scherschicht nur in einem kleinen Bereich beeinflussen. Der
Nachlauf des 2D-Körpers wird von der absoluten Instabilität beherrscht. Aus
diesem Grund kann die typische Kármán-Wirbelstraße (KW) durch die Formation der hochfrequenten Scherschichtmode nicht wesentlich verändert werden.
Außerdem wird der erhobene Unterdruck in der Mitte der Basisfläche teilweise
durch den starken abgesunkenen Unterdruck an den Anregungsaustritten, der
durch die energiereiche Anregung verursacht wird, kompensiert. Aufgrund der
schlechten Effizienz ist die Methode zum Erzielen der hochfrequenten Scherschichtmode für die Beeinflussung der abgelösten Strömung hinter dem 2D-
Körper nicht gut geeignet.

6.3   Simulation der aktiven Beeinflussung des SAE-Körpers

Bei der Beeinflussung der abgelösten Strömungen an den Ablösekanten des
Fahrzeughecks handelt es um einen komplexen strömungsmechanischen
Forschungsbereich. Im Nachlauf eines 3D-Körpers überlagern sich nicht nur die
2-dimensionalen Querwirbel, sondern auch 3-dimensionale Längswirbel, die
schwer zu modellieren sind. Die Eigenschaften der beeinflussten Ablösung des
3D-Körpers werden anhand eines fahrzeugähnlichen SAE-Modells mit Hilfe der
CFD-Simulation in diesem Kapitel näher betrachtet.

Die Ablösung an einem Vollheck, bei der die Luft bis zu den Ablösekanten
anliegend strömt, stellt eine vereinfachte 3D-Strömungskonfiguration dar. Die

Strömungen lösen sich erst an den Hinterkanten ab. In Abbildung 57 werden die Strömungsstrukturen der 3D-Strömungskonfiguration skizziert.

Abbildung 57: Schematische Darstellung der Strömungsstrukturen einer 3D-Strömungskonfiguration [15]

Die Ablösung findet gleichzeitig an allen vier Kanten der Basis statt. Da die Wechselwirkungen zwischen den einwärts drehenden Wirbeln, die an jeder Heckkante gleichzeitig entstehen, so stark sind, unterscheidet sich die Nachlaufform wesentlich von der Kármán-Wirbelstraße hinter dem 2D-Köper. Aus diesem Grund kann die 3D-Konfiguration nicht einfach als eine Erweiterung einer 2D-Körpers angenommen werden. Ob sich die an den geometrischen Grundkörpern, wie der Stufe und dem 2D-Körper, entwickelten Methoden zur aktiven Strömungsbeeinflussung an dem vereinfachten 3-dimensionalen Fahrzeugmodelle übertragen lassen, muss im Folgenden geprüft werden

6.3.1   Leistungsspektrum

Mit dem gleichen Prozess wie bei der Untersuchung der Stufenströmung bzw. der Umströmung des 2D-Körpers wird zuerst das Leistungsdichtespektrum betrachtet, um die Anregungsfrequenz zu identifizieren. Vier virtuelle Messpunkte werden so positioniert, dass der Einfluss der Außenstörung auf die charakteristischen Frequenzen so gut wie möglich isoliert werden kann. Zum Detektieren der Eigenfrequenz der jeweiligen Scherschicht werden die virtuellen Messpunkte in der Nähe von der Ablösekante angebracht, deren Positionen in Abbildung 58 dargestellt werden. Da die seitlichen Ausgangssituationen identisch sind, wird nur ein Messpunkt auf der linken Seite des SAE-Körpers beobachtet. Außerdem wird ein Messpunkt in der Mitte des SAE-Körpers positioniert, um die Frequenz der Wechselwirkung zwischen allen Scherschichten zu bestimmen.

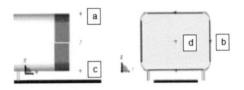

Abbildung 58: Positionen der virtuellen Messpunkte

Abbildung 59 zeigt die Diagramme des Leistungsdichtespektrums des dimensionslosen statischen Druckbeiwertes der virtuellen Messpunkte. Im Allgemeinen ist keine ausgeprägte Eigenfrequenz für die Wirbelstruktur in Abbildung 59 ist zu erkennen, die sich der Kármán-Wirbelstraße zuordnen lässt. Dies ist auf die komplizierte Interaktion zwischen den 3-dimensionalen Scherschichten zurückzuführen.

Zuerst wird der obere Punkt (a) betrachtet, da die Anströmungsbedingung an der oberen Hinterkante vergleichbar wie bei der Stufenströmung ist. In Abbildung 59a hebt sich ein spektraler Peak bei der $Sr_H \approx 1{,}2$ aus dem Hintergrund hervor, der als Eigenfrequenz einer schwachen kohärenten Wirbelstruktur interpretiert werden kann. Daher wird diese Frequenz als die Eigenfrequenz der oberen Scherschicht identifiziert. Bezüglich der Impulsverlustdicke der Grenzschicht an der oberen Hinterkante ($\delta_2 = 0{,}0035$) stimmt die Strouhal-Zahl $Sr_{\delta 2} = 0{,}014$ mit der Frequenz für die Scherschichtmode der Stufenströmung gut überein (vgl. 6.1.5). Auf die gleiche Weise lässt sich die Eigenfrequenz der seitlichen Scherschicht aus Abbildung 59b vom Leistungsdichtespektrum für den seitlichen Punkt (b) bestimmen.

Im Gegensatz dazu werden die Wirbelstrukturen in der unteren Scherschicht von vielen undefinierbaren Wirbeln überlagert, die teilweise sehr leistungsintensiv sind (Abbildung 59c). In diesem Fall kann die Strömungsbeeinflussung nicht gleichzeitig so auf alle Wirbelstrukturen wirken, dass die Wirbelstrukturen durch die homogene Anregung gleichmäßig unterdrückt werden. Die Mitte des Nachlaufs wird von einer Rückströmung dominiert.

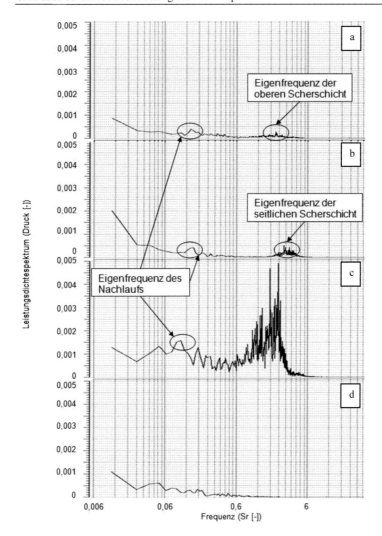

Abbildung 59: Leistungsdichtespektrum des dimensionslosen statischen Drucks der virtuellen Messpunkte (a): an der oberen Hinterkante, (b): an der rechten Hinterkante, (c): an der unteren Hinterkante, (d): in der Mitte des Nachlaufs an der Basisfläche

In Abbildung 59d ist keine ausgeprägte Frequenz bzw. Wirbelstruktur zu erkennen. Eine Anregung in diesem Bereich ist ineffektiv und ineffizient. Bis auf den

Punkt d im Diagramm (Abbildung 59d) ist eine Frequenz von $Sr_H = 0,12$ für eine schwache Schwingung in den Diagrammen des Leistungsdichtespektrums für die Messpunkte (a), (b), (c) zu erkennen. Diese Frequenz kann als die Eigenfrequenz des Nachlaufs eines 3D-Körpers identifiziert werden, da sie von den Anströmungsbedingungen an den einzelnen Ablösekanten unabhängig ist. Auf der Basis der Eigenfrequenz des Nachlaufs werden im Folgenden drei verschiedene Anregungsfälle mit der natürlichen Strömung verglichen.

6.3.2   Luftwiderstandsänderung

Die Effekte der Strömungsbeeinflussung mit drei Anregungsfrequenzen $Sr_H = 0,12$, $Sr_H = 1,2$ sowie $Sr_H = 6$ wurden am SAE-Körper numerisch untersucht. Diese Frequenzen repräsentieren jeweils die Eigenfrequenz des Nachlaufs eines 3D-Körpers, die Eigenfrequenz der Scherschicht und die hochfrequente Anregung. Die Strouhal-Zahl $Sr_H = 6$ entspricht der Frequenz für die hochfrequenten Scherschichtmode bezüglich der Impulsverlustdicke der Grenzschicht an der oberen Hinterkante $Sr_{\delta2} = 0,07$. Die Ergebnisse werden in Abbildung 60 dargestellt.

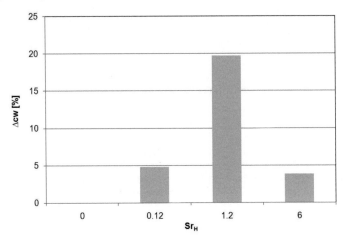

Abbildung 60:   Einfluss der Anregungsfrequenzen auf die Widerstandsänderung des SAE-Körpers in Prozent

Die Anregung mit der Eigenfrequenz des Nachlaufs hat das Ziel, den gesamten Nachlauf global zu beeinflussen. Mit einer Luftwiderstandszunahme von 4,8 % wird festgestellt, dass sich die globale Beeinflussung mit $Sr_H = 0,12$ nicht positiv auf den Luftwiderstand auswirken kann. Bei der Anregung mit der Frequenz zur Scherschichtmode $Sr_H = 1,2$ ist der Luftwiderstand um 19,7 % gestiegen. In diesem Fall führt die Strömungsbeeinflussung zu einem starken Energieverlust. Dies stimmt mit der Beobachtung der geometrischen Grundkörper- die Stufe und der 2D-Körper- überein. In den Untersuchungen der einseitigen Ablösung der Stufe wurde die Luftwiderstandsreduzierung dadurch erzielt, dass sich die hochfrequente Scherschichtmode der Stufenströmung mit Hilfe der Anregung bilden. Jedoch kann der Luftwiderstand des SAE-Körpers mit dem gleichen Verfahren nicht reduziert werden. Im Gegenteil wurde eine unerwünschte Luftwiderstandserhöhung von 3,8% durch die hochfrequente Anregung $Sr_H = 6$ verursacht.

6.3.3   Strömungsfelder

Im Folgenden werden die gemittelten Geschwindigkeits- und Druckfelder sowie die instationären Wirbelstärken näher betrachtet, um einen tiefen Einblick in die wesentlichen Änderungen der Wirbelstrukturen infolge der Anregung zu erhalten.

Gemittelte Geschwindigkeit

In Abbildung 61 werden die zeitlich gemittelten Geschwindigkeitsfelder im Bereich des Nachlaufs gezeigt. Ergänzend zu den farbig dargestellten Geschwindigkeitsbeträgen werden die Geschwindigkeitsvektoren durch schwarze Pfeile gekennzeichnet. Um die Strömungsänderung infolge der Anregung zu veranschaulichen, werden die natürliche Strömung im Nachlauf und die angeregten Strömungen in den gleichen Bereichen miteinander verglichen.

Im Allgemeinen bildet die abgelöste Strömung im Nachlauf aufgrund der begrenzten Bodenfreiheit eine unsymmetrische Struktur. In der numerischen Berechnung wird die Technik der Straßensimulation im Windkanal (Laufband) durch eine entsprechende Geschwindigkeitsrandbedingung am Boden nachgebildet. So werden nahezu identische Grenzschichten auf der oberen und unteren Ebene des Hecks trotz des unterschiedlichen Freiraums erreicht. Allerdings staut sich die untere Strömung an der Stelle $x/H = 0,8$, wodurch die Strömungsgeschwindigkeit am Ende des „Laufbandes" von $u_L = u_\infty$ plötzlich auf null abgebremst wird (s. Abbildung 40, Kapitel 5.2.2). Aus diesem Grund hat die untere Scherschicht an dieser Stelle eine starke Wechselwirkung mit dem Boden. Dies beeinflusst nicht nur die untere Scherschichtentwicklung, sondern auch den gesamten Nachlauf. Die Nachlaufstruktur ist nicht symmetrisch und die Scherschichten werden nach unten näher an dem Boden gezogen.

Abbildung 61a zeigt die natürlich abgelöste Strömung in der Längsebene $y = 0$ hinter dem Heck. Die obere Scherschicht erweitert sich stromabwärts. Die Strömung auf der Höhe der Ablösekante verläuft zuerst nahezu parallel zur Anströmung, bevor sie sich an der Stelle $x/H = 0,8$ nach unten richtet. Im Vergleich dazu verbreitet sich die untere Scherschicht schneller, da die Wechselwirkung mit dem Boden eine Rückwirkung auf die Scherschicht hat. Dicht an der Basisfläche ist ein großer Totwasserbereich vorhanden, dessen Geschwindigkeitsbetrag nahezu gleich null ist. Danach folgt eine starke Rückströmung.

Im Allgemeinen wird die Nachlaufstruktur in x-Richtung durch die Anregung etwas verkleinert. In Abbildung 61b wird gezeigt, dass sich die Ablösung durch die Anregung mit der Eigenfrequenz des Nachlaufs $Sr_H = 0,12$ nicht wesentlich beeinflussen lässt. Im Vergleich zu dem unbeeinflussten Fall wird das Wachstum der oberen Scherschicht geringfügig erhöht. Erst hinter der Stelle $x/H = 0,6$ ist der Unterschied zwischen den beiden Fällen etwas deutlicher. Das Totwasser wird kleiner und die Rückströmung wird stärker. Insgesamt wird die Geschwindigkeit im Nachlauf erhöht.

Eine signifikante Strukturänderung durch die Anregung mit der Eigenfrequenz der Scherschicht $Sr_H = 1,2$ ($Sr_{\delta 2} = 0,014$) ist in Abbildung 61c zu beobachten. Bereits kurz hinter der Ablösekante bei $x/H = 0,5$ ändert sich die Strömungsrichtung nach innen. Die Scherschicht verbreitet sich sehr schnell. Im Vergleich zum unbeeinflussten Fall findet die Wechselwirkung zwischen der unteren Scherschicht und dem Boden deutlich früher statt. Bereits bei $x/H = 0,9$ sinkt die Geschwindigkeit der unteren Strömung aufgrund der Wechselwirkung mit dem Boden. Dadurch wird der gesamte Nachlauf beeinflusst. Die Rückströmung wird verstärkt. Die Ablöseblase wird verkleinert.

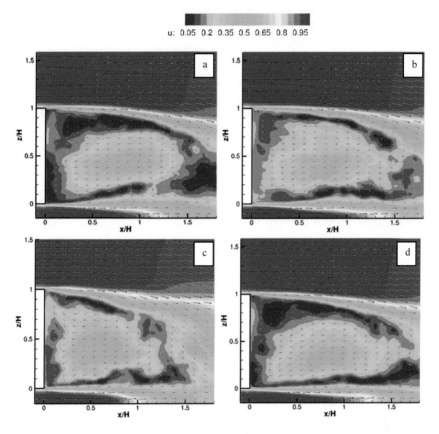

Abbildung 61: Zeitlich gemittelte Geschwindigkeitsfelder des Nachlaufs des 3D-Körpers in der x-z-Ebene bei $y = 0$ für (a): die natürliche Strömung und die beeinflussten Strömungen mit jeweils (b): $Sr_H = 0{,}12$, $\Delta c_w = 4{,}8$ % (c): $Sr_H = 1{,}2$, $\Delta c_w - 19{,}7$ % (d): $Sr_H = 6$, $\Delta c_w = 3{,}8$ %

Abschließend wird die Geschwindigkeitsänderung durch die hochfrequente Anregung zur Scherschichtstabilisierung ausgewählt. Dazu wird die abgelöste Strömung mit einer Frequenz von $Sr_H = 6$ ($Sr_{\delta 2} = 0{,}07$) angeregt, die der Strouhal-Zahl der hochfrequenten Scherschichtmode entspricht. Obwohl der

Energiebedarf in diesem Fall am größten ist, wird die Längsstruktur des Nachlaufs nur unwesentlich verändert. Sowohl die obere als auch die untere Scherschicht entwickeln sich unter der Beeinflussung etwas langsamer als ohne die Anregung. Die Ausbreitung der unteren Scherschicht wird unterdrückt. Die Stelle, an der die Wechselwirkung zwischen der unteren Scherschicht und dem Boden stattfindet, verschiebt sich auf $x/H = 1{,}3$. Der Bereich, der vom Totwasser umschlossen ist, vergrößert sich entsprechend bis zu dieser Stelle (s. Abbildung 61d). In allen Abbildungen ist zu erkennen, dass der Boden nicht nur einen Einfluss auf die untere Scherschicht hat, sondern auch auf die gesamte Rückströmung im Nachlauf.

Im Weiteren werden die abgelösten Strömungen in einer horizontalen Schnittebene beobachtet. In Abbildung 62 werden die gemittelten Geschwindigkeitsbeiträge in der Draufsicht betrachtet. Zusätzlich werden die Geschwindigkeitsvektoren mit Pfeilen dargestellt. Die Schnittfläche befindet sich in der Mitte der Körperhöhe $z/H = 0{,}5$. Die Seitenkanten werden gleichzeitig mit dem definierten Signal beaufschlagt, das aus der gleichen Signalquelle für die obere – und untere Ablösekante generiert wird. Aufgrund der identischen Randbedingungen auf den beiden Seiten ist die Geschwindigkeitsverteilung auf der horizontalen Ebene nahezu symmetrisch.

Tendenziell stimmt der Einfluss der Anregung auf der Strukturänderung der Geschwindigkeitsverteilung mit demjenigen, der in der Seitenansicht für die vertikalen Ebene $y = 0$ gezeigt wurde, gut überein. In Abbildung 62a wird die gemittelte Geschwindigkeitsverteilung der natürlich abgelösten Strömung hinter dem Heck des SAE-Körpers dargestellt. Mit der Entwicklung kleiner Störungen in der Anfangsphase, die von der Instabilität der Scherschichten bedingt wird, breiten sich die beiden Scherschichten allmählich aus. Ab der Stelle $x/H = 0{,}5$ werden die Scherschichten deutlich nach innen gekrümmt. Bei der $x/H = 1{,}5$ schließen sich die beiden Scherschichten zusammen. Die Luft in der Mitte strömt wieder zurück und wird in der Nähe der Basisfläche für die Versorgung der Scherschichten weiter transportiert.

Abbildung 62b zeigt, dass die Anregung mit der Eigenfrequenz des Nachlaufs keine wesentliche Änderung der Geschwindigkeitsverteilung hervorrufen kann. Am Ende des Nachlaufs bei der Stelle $x/H = 1{,}3$ wird Geschwindigkeitsbetrag erhöht, während die Strömungsgeschwindigkeit in der Nähe von der

Basis etwas verkleinert wird. Die Rückströmungsregion wird kleiner. Gleichzeitig wird die Rückströmung schwächer.

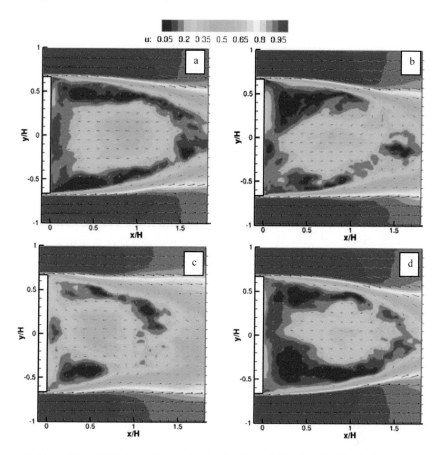

Abbildung 62: Zeitlich gemittelte Geschwindigkeitsfelder des Nachlaufs des 3D-Körpers in der x-y-Ebene bei $z/H = 0{,}5$ (a): die natürliche Strömung und die beeinflussten Strömungen mit jeweils (b): $Sr_H = 0{,}12$, $\Delta c_w = 4{,}8\,\%$ (c): $Sr_H = 1{,}2$, $\Delta c_w = 19{,}7\,\%$ (d): $Sr_H = 6$, $\Delta c_w = 3{,}8\,\%$

Im Fall der Anregung mit der Eigenfrequenz der Scherschicht (Abbildung 62c) wird die Ausbreitung der Scherschicht durch die Expansion der Querwirbel beschleunigt. Im Vergleich zum unbeeinflussten Fall treffen sich die beiden Scherschichten früher und die Strömungsbewegung wird intensiviert. In Abbildung 62d wird gezeigt, dass die hochfrequente Anregung die gemittelte Geschwindigkeitsverteilung kaum beeinflussen kann.

Gemittelter statischer Druck

In Abbildung 63 werden die statischen Druckverteilungen im vertikalen Querschnitt bei $y = 0$ betrachtet. Aufgrund der Wechselwirkung der Scherschicht mit dem Boden, sind die Umgebungen für die beiden Scherschichtentwicklungen unterschiedlich. Dies wird durch eine asymmetrische Struktur der Druckverteilung wiedergegeben. In Abbildung 63a wird die statische Druckverteilung des natürlichen Nachlaufs dargestellt. Ohne Anregung wird eine starke Unterdruckregion in der unteren Hälfte des Nachlaufs induziert. Allerdings hat der statische Druck der oberen Hälfte den größeren Einfluss auf den Luftwiderstand des Modells, da sich der Unterdruck dicht an der Basisfläche befindet.

Durch die Anregung mit der Eigenfrequenz des Nachlaufs $Sr_H = 0,12$ hat sich die statische Druckverteilung nicht wesentlich verändert. Die gesamte Struktur in Abbildung 63b ist sehr ähnlich wie die natürlich abgelöste Strömung, außer dass der starke Unterdruck im unteren Bereich etwas zu der Basis verschoben ist. Der mittlere Basisdruck wird vermindert. Daraus resultiert eine leichte Zunahme des Luftwiderstands.

Der Einfluss der Anregung mit der Eigenfrequenz der Scherschicht $Sr_H = 1,2$ ($Sr_{\delta 2} = 0,014$) lässt sich durch die Druckänderung im Nachlauf in Abbildung 63c veranschaulichen. Der statische Druck sinkt sehr schnell und zieht sich näher an die Basis heran. Eine erhebliche Luftwiderstandszunahme von 19,7 % wird hervorgerufen. Mit der Erwartung, das Wachstum der Scherschicht durch die Bildung der hochfrequenten Scherschichtmode zu unterdrücken, wird die Strömungsbeeinflussung mit der hochfrequenten Anregung $Sr_H = 6$ ($Sr_{\delta 2} = 0,07$) getestet. Die Änderung der statischen Druckverteilung ist in Abbildung 63d zu erkennen. Durch die Anregung sinkt der statische Druck im Bereich der oberen Ablösekante in x-Richtung langsamer im Vergleich zum unbeeinflussten Fall. Der untere Unterdruck wird erhöht und gleichzeitig stromabwärts verschoben.

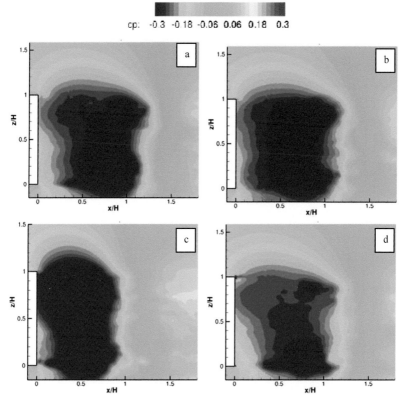

Abbildung 63: Zeitlich gemittelte statische Druckverteilungen des Nachlaufs des 3D-Körpers in der x-z-Ebene bei $y = 0$ für (a): die natürliche Strömung und die beeinflussten Strömungen mit jeweils (b): $Sr_H = 0{,}12$, $\Delta c_W = 4{,}8\,\%$ (c): $Sr_H = 1{,}2$, $\Delta c_W = 19{,}7\,\%$ (d): $Sr_H = 6$, $\Delta c_W = 3{,}8\,\%$

In Abbildung 64 werden die statischen Druckverteilungen der natürlichen und angeregten abgelösten Strömungen im Nachlauf auf der horizontalen Schnittebene bei $z/H = 0{,}5$ gegenübergestellt. Die wichtigen Eigenschaften der angeregten Strömung lassen sich in der seitlichen Strukturänderung wiedererkennen.

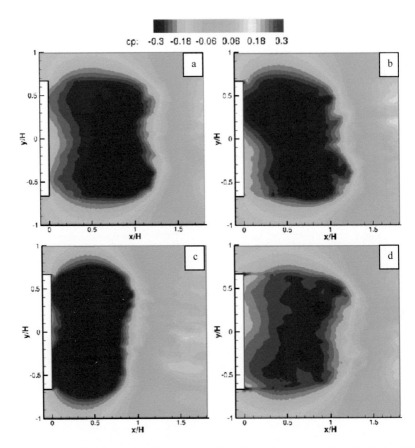

Abbildung 64: Zeitlich gemittelte statische Druckverteilungen des Nachlaufs des 3D-Körpers in der x-y-Ebene bei $z/H = 0,5$ (a): die natürliche Strömung und die beeinflussten Strömungen mit jeweils (b): $Sr_H = 0,12$, $\Delta c_w = 4,8\ \%$ (c): $Sr_H = 1,2, \Delta c_w = 19,7\ \%$ (d): $Sr_H = 6$, $\Delta c_w = 3,8\ \%$

In Abbildung 64a wird die seitliche statische Druckverteilung der unbeeinflussten Strömung dargestellt. Aufgrund der identischen Randbedingungen auf den beiden Seiten verteilt sich der Unterdruck nahezu symmetrisch. Hinter dem Heck wird es vom Unterdruck beherrscht. Der Druck an den Rändern ist kleiner als in der Mitte, da sich die großen Wirbel hauptsächlich in den Scherschichten befinden. Der Bereich des niedrigsten Drucks befindet sich zwischen $x/H = 0,6$ und $x/H = 1$. Die statische Druckverteilung unter der Anregung mit der Eigenfrequenz des Nachlaufs $Sr_H = 0,12$ wird in Abbildung 64b veranschaulicht. Der statische Druck hat eine leichte asymmetrische Verteilung. Der Unterdruck auf der rechten Seite des SAE-Körpers ist niedriger als auf der linken Seite. Die starke Wechselwirkung mit der Ablösung am Boden kann ein Grund hierfür sein. Im Vergleich zum unbeeinflussten Fall ist der Bereich des niedrigsten Drucks dichter an die Basisfläche herangezogen und befindet sich zwischen $x/H = 0,4$ und $x/H = 0,8$.

Durch die Anregung mit der Eigenfrequenz der Scherschicht $Sr_H = 1,2$ ($Sr_{\delta 2} = 0,014$) ist eine signifikante Änderung der statischen Druckverteilung in Abbildung 64c zu erkennen. Unter der Anregung sinkt der statische Druck unmittelbar hinter dem Heck des SAE-Körpers deutlich ab. Bereits an der Basisfläche hat der Unterdruck einen so niedrigen Wert, dass dieser Wert bei der unbeeinflussten Strömung erst bei $x/H = 0,5$ erreicht wird. Der Unterdruck wird intensiviert und eine Luftwiderstandszunahme ist in diesem Fall unvermeidlich. In Abbildung 64d wird gezeigt, dass bis auf den Anregungsstellen der statische Druck im ganzen Bereich des Nachlaufs durch die hochfrequente Anregung$Sr_H = 6$ ($Sr_{\delta 2} = 0,07$) angehoben wird. Diese Methode scheint eine positive Auswirkung auf den Basisdruck zu haben.

Im Folgenden werden die temporären Wirbelstärken der abgelösten Strömung ohne und mit Anregung betrachtet. Die charakteristischen Frequenzen wurden an den einfachen Grundkörpern erfasst. Durch den Vergleich zwischen der natürlich abgelösten Strömung und den mit den charakteristischen Frequenzen angeregten Konfigurationen werden die Strömungsbeeinflussungsmaßnahmen an einem 3D-Modell geprüft.

Instationäre Y-Wirbelstärke

Abbildung 65 zeigt die momentanen Querwirbelstärken ω_y sowohl in der natürlichen als auch in den angeregten Strömungen. Der Scherschichtverlauf der natürlichen Strömung ähnelt der Scherschicht der einseitigen Ablösung der Stufenströmung. Die Strömung löst sich fix an der Hinterkante ab. Wegen der Instabilität entwickelt sich eine kleine Störung zu einem großen Querwirbel. Aufgrund der begrenzten Bodenfreiheit hat die untere Scherschicht nicht nur die

Wechselwirkung mit der oberen Scherschicht, sondern auch mit dem Boden. Am Ende des „Laufbands" wird die Strömung aufgrund des stehenden Bodens plötzlich gebremst. Die Strömung staut sich hier. Die Wechselwirkung zwischen der unteren Scherschicht und dem Boden ist so stark, dass der gesamte Nachlauf nach unten gezogen wird. Im Vergleich zur Ablösung eines 2D-Modells ist die Nachlaufstruktur deutlich weniger geordnet. Die kohärenten Strukturen lassen sich zwar in den Scherschichten finden, sie spielen aber nur eine untergeordnete Rolle für den Luftwiderstand des 3D-Modells. Stattdessen wird der gesamte Nachlauf von zahlreichen kleinen Wirbeln dominiert, die schwer modellierbar und beeinflussbar sind.

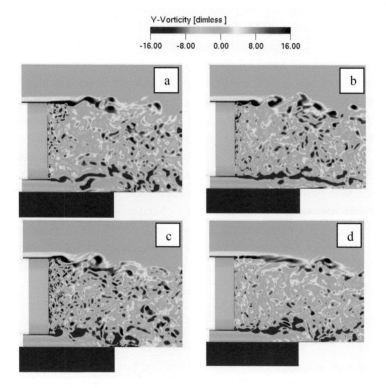

Abbildung 65: Momentane Querwirbelstärken ω_y des Nachlaufs des 3D-Körpers in der x-z-Ebene bei y = 0 für (a): die natürliche Strömung und die beeinflussten Strömungen mit jeweils (b): $Sr_H = 0{,}12$, $\Delta c_w = 4{,}8\ \%$ (c): $Sr_H = 1{,}2$, $\Delta c_w = 19{,}7\ \%$ (d): $Sr_H = 6$, $\Delta c_w = 3{,}8\ \%$

Zuerst wird die Auswirkung der Anregung mit der Eigenfrequenz des 3D-Modellnachlaufs $Sr_H = 0{,}12$ untersucht. Die Wirbelstärke in der x-z-Ebene bei $y = 0$ wird in Abbildung 65b dargestellt. Da diese Frequenz deutlich kleiner als die Scherschichtfrequenz ist, kann die periodische Anregung während einiger Scherschichtwirbel als eine „Luftpumpe" zum Ausblasen oder zum Absaugen – je nachdem wo die Phase des Anregungssignals liegt – angesehen werden. Bei der Phase des Ausblasens wird die Wirbelentwicklung in der oberen Scherschicht durch einen Jet unterdrückt, während das Wachstum der Wirbel durch das Absaugen unterstützt wird. Aufgrund der Wechselwirkung mit dem Boden hinter dem „Laufband" kann die untere Scherschicht durch die externe Anregung kaum beeinflusst werden. Nach einer Periode der Anregung hat das Absaugen eine stärkere Auswirkung auf die Wirbelbildung als das Ausblasen, weil durch das Absaugen die Wirbel nicht nur vergrößert, sondern auch dichter an die Basis des Modells herangezogen werden.

Bei der Scherschichteigenfrequenz $Sr_H = 1{,}2$ ($Sr_{\delta 2} = 0{,}014$) wird die Ausbreitung der Scherschicht durch die Entwicklung der Wirbel beschleunigt (s. Abbildung 65c). Im Vergleich zu anderen Fällen ist das Wachstum der Wirbel hier am größten. Dicht an der Basis existieren große Wirbel, die einen starken Druckverlust in diesem Bereich induzieren. Daraus resultiert eine Zunahme des Luftwiderstands. Bei der Anregungsfrequenz $Sr_{\delta 2} = 0{,}014$ besetzen die Wirbel die typischen Strukturen der Scherschichtmode, die sowohl in der Stufenströmung als auch im Nachlauf des 2D-Körpers zu beobachten sind. Dadurch wird die allgemeine Gültigkeit der Scherschichtmode an diesen Konfigurationen bestätigt.

Ob die Scherschicht eines 3D-Modells sich auch durch eine hochfrequente Anregung stabilisieren lässt, wird mit der Frequenz $Sr_H = 6$ ($Sr_{\delta 2} = 0{,}07$) geprüft. In Abbildung 65d ist die Auswirkung der Strömungsbeeinflussung mit der Strouhal-Zahl $Sr_H = 6$ auf die momentane Wirbelstärke zu erkennen. Die Entwicklung der Querwirbel wird durch die hochfrequente Anregung ständig unterbrochen. Die Möglichkeit, einen großen Wirbel in der Nähe der Basis zu bilden, ist deutlich verringert. Insbesondere wirkt diese Beeinflussungsmethode in der oberen Scherschicht effektiv, da die starken Störungen der Wechselwirkung mit dem Boden dort kaum noch spürbar sind.

Instationäre Z-Wirbelstärke

In Abbildung 66 wird die Draufsicht der momentanen Querwirbelstärken ω_z auf der Ebene $z = 0{,}5H$ betrachtet. Da die Ausgangssituation für die Anströmung seitlich symmetrisch ist, hat der Nachlauf eine nahezu symmetrische Struktur. In Abbildung 66a ist zu erkennen, dass die natürlich abgelöste Strömung des 3D-Modells keine typische Struktur der Kármán-Wirbelstraße bilden kann. Selbst ohne die Anregung rollen sich die Querwirbel in den beiden seitlichen Scherschichten nahezu gleichzeitig ab. Die symmetrische Struktur des 3D-Nachlaufs deutet darauf hin, dass das am 2D-Körper entwickelte Verfahren zur Synchronisation der Kármán-Wirbelstraße für die Beeinflussung der abgelösten Strömung hinter dem SAE-Körper nicht geeignet ist.

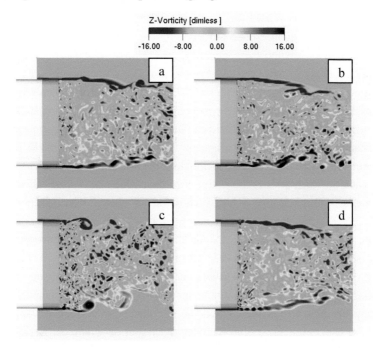

Abbildung 66: Momentane Querwirbelstärken ω_z des Nachlaufs des 3D-Körpers in der x-y-Ebene bei $z/H = 0{,}5$ (a): die natürliche Strömung und die beeinflussten Strömungen mit jeweils (b): $Sr_H = 0{,}12$, $\Delta c_w = 4{,}8$ % (c): $Sr_H = 1{,}2$, $\Delta c_w = 19{,}7$ % (d): $Sr_H = 6$, $\Delta c_w = 3{,}8$ %

In Abbildung 66b wird die Strömung durch die Anregung mit $Sr_H = 0,12$ beeinflusst. Obwohl die Frequenz $Sr_H = 0,12$ der Eigenfrequenz des 3D-Nachlaufs entspricht, kann die Nachlaufstruktur nicht wesentlich verändert werden. Infolge der Anregung mit der Scherschichtfrequenz $Sr_H = 1,2$ ($Sr_{\delta2} = 0,014$) werden die Querwirbel in den beiden Scherschichten in der Nähe der Basis des Modells verstärkt (Abbildung 66c). Die großen Wirbel konzentrieren sich unmittelbar hinter dem Modell. Die kleinen Wirbel werden im Vergleich zu der natürlich abgelösten Strömung dichter an der Basis intensiviert. Dies führt zu einem starken Druckverlust. In Abbildung 66d ist zu erkennen, dass die Scherschichten durch die hochfrequente Anregung $Sr_H = 6$ ($Sr_{\delta2} = 0,07$) etwas stabilisiert werden. Die Querwirbel werden durch die Anregung unterbrochen. Somit wird das Wachstum der Scherschicht unterdrückt.

Zusammengefasst kann aus den Änderungen der gemittelten Geschwindigkeits- und Druckverteilung sowie der momentanen Wirbelstärken folgendes geschlossen werden. Durch die Anregung mit den charakteristischen Frequenzen $Sr_{\delta2} = 0,014$ ($Sr_H = 1,2$) und $Sr_{\delta2} = 0,07$ ($Sr_H = 6$) lassen sich die typischen Scherschichtmoden und die hochfrequenten Scherschichtmoden in den Scherschichten des 3D-Modells erzeugen. Unabhängig von der Geometrie des Modells werden die Störungen in der Scherschicht mit der Eigenfrequenz der Scherschicht $Sr_{\delta2} = 0,014$ so stark angeregt, dass sich die großen Querwirbel sehr schnell dicht an der Basis des Modells bilden können. Ein großer Druckverlust wird durch die schnelle Expansion der Wirbel hervorgerufen. Daraus resultiert eine Zunahme des Druckwiderstands des Modells. Aus den Querwirbeln in den Scherschichten, die stetig durch die hochfrequente Anregung $Sr_{\delta2} = 0,07$ unterbrochen werden, formt sich die Scherschichtmode. Dadurch wird das Scherschichtwachstum etwas unterdrückt. Die große Unterdruckregion wird durch das Zusammenschließen der Querwirbel weiter stromabwärts von der Basis verschoben. So wird der negative Einfluss der großen Wirbel auf den Basisdruck abschwächt.

6.4   Energiebetrachtung

In der vorliegenden Arbeit wird ein Lautsprecher als Aktuator zur Erzeugung der Anregung in den Experimenten eingesetzt. Die Anregungsströmung wird durch Schläuche zur Entstehungsstelle der Scherschicht geleitet. Aufgrund der einfachen Handhabung und des definierten Signals wurden Lautsprecher zur Erzeugung der Anregungsströmung bereits in zahlreichen veröffentlichten Untersuchungen verwendet. Demgegenüber steht der Nachteil des schlechten Wirkungsgrads des Lautsprecher-Schlauch-Systems. Aus diesem Grund wurde die Energiebilanz zwischen dem Energieverbrauch zum Betreiben des Aktuators und der Energieersparnis, die durch die Strömungsbeeinflussung zur Luftwiderstandsreduzierung erzielt werden kann, bisher außer Acht gelassen.

Nun soll die Methode der aktiven Strömungsbeeinflussung aus Sicht der Energieeffizienz betrachtet werden. An der Stufe wird der Basisdruck durch die hochfrequente Anregung der Scherschicht erfolgreich angehoben. Durch die Anregung mit der Frequenz von $Sr_{\delta 2} = 0{,}067$ wird der Luftwiderstandsbeiwert um 4,7 % reduziert. Die maximale Luftwiderstandsreduktion Δc_w beträgt 0,011. Wegen der praktischen Schwierigkeiten der Luftwiderstandsmessung wird dieses Ergebnis aus der numerischen Simulation entnommen, deren Genauigkeit durch den Vergleich mit der Messung validiert wurde. Die Leistung, die durch die Luftwiderstandsminderung gewonnen wird, ist wie folgt definiert:

$$\Delta P_L = \Delta c_w \rho A u^3 \qquad\qquad (6.10)$$

Mit:

Δc_w: Luftwiderstandsänderung
ρ: Dichte der Luft
A: Stirnfläche der Stufe
u: Anströmungsgeschwindigkeit

Anhand der Gegebenheiten und der Messdaten kann die Leistung, die durch die aktive Strömungsbeeinflussung gewonnen wird, überschlägig berechnet werden.

$$\Delta P_L = 0,011 \cdot 1,2\frac{kg}{m^3} \cdot 0,0175m \cdot 0,1m \cdot (10\frac{m}{s})^3 \approx 0,02W \qquad (6.11)$$

Die Leistung des Lautsprechers wird mit dem Wechselstrom und der Spannung, die an den Anschlüssen des Lautsprechers gemessen werden, bestimmt, und beträgt 15 W. Dadurch kann die Energiebilanz zwischen dem Energieverbrauch zum Betreiben des Anregungssystems und dem Energiegewinn durch die aktive Strömungsbeeinflussung berechnet werden. Offenbar wird deutlich mehr Energie benötigt als diejenige, die durch die Luftwiderstandsminderung zurückgewonnen wird. Der geringe Energiegewinn ist zum Teil auf die kleine Stirnfläche des Versuchsmodells zurückzuführen. In diesem Fall gelingt kein Netto-Energiegewinn durch die aktive Strömungsbeeinflussung.

Da der Aktuator zur Beeinflussung der Stufenströmung sowie zur Anregung des Nachlaufs des 2D-Modells auf dem gleichen Anregungssystem basiert, ist auch beim 2D-Modell keine positive Energiebilanz zu erwarten. Die Luftwiderstandsreduzierung ist bei den 3D-Konfiguationen, die in der vorliegenden Arbeit am SAE-Körper getestet wurden, leider nicht möglich. In diesem Fall wird nicht auf die Energiebetrachtung eingegangen.

Für eine positive Energiebilanz soll einerseits die Methode der Strömungsbeeinflussung optimiert werden, um die Potenzial zur Luftwiderstandsreduzierung auszuschöpfen. Andererseits muss ein energiesparames Anregungssystem ausgelegt werden. In der vorliegenden Arbeit wird die Anregung der abgelösten Strömung durch einen klassischen elektrodynamischen Lautsprecher erzeugt. Eine periodische Anregungsströmung, die aus einer geschlossenen Box durch die PVC-Leitungen zu der Ablösekante geleitet wird, resultiert aus der mechanischen Schwingung der Lautsprechermembran. Aufgrund des großen Eigengewichts und der Elastizität der PVC-Leitungen wird der Wirkungsgrad des Lautsprecher-Schlauch-Systems stark begrenzt.

7 Schlussfolgerung und Ausblick

In der vorliegenden Arbeit wurde die aktive Beeinflussung der abgelösten Strömungen hinter einer Stufe, einem 2D-Körper sowie einem vereinfachten fahrzeugähnlichen 3-dimensionalen SAE-Körper untersucht. Diese drei Konfigurationen repräsentieren jeweils die Beeinflussbarkeit der einseitigen Ablösung, der zweiseitigen Ablösungen mit Wechselwirkungen und der Ablösungen eines 3D-Köpers.

Ausgehend von der Basiskonfiguration der abgelösten Strömung hinter einer Stufe wurde die Beeinflussbarkeit der kohärenten Querwirbel der Scherschicht sowohl experimentell als auch numerisch ausführlich untersucht. Der Anregungsmechanismus basiert auf der periodischen Anregung, die durch die Membranbewegungen eines Lautsprechers in einer Box realisiert wurde. Ein harmonisches Sinus-Signal wurde als Eingangssignal gewählt. Die in der Box geschlossene Luft wurde zu periodischen Schwingungen angeregt und durch die PVC-Schläuche, die an den kleinen Öffnungen der Box angeschlossen sind, zur Ablösekante geleitet. Die Luft an der Ablösestelle wurde durch die Strömung aus den Schläuchen zur Bildung der Querwirbel angeregt, wobei der mittlere Massenstrom der Anregungsströmung einer Periode gleich Null ist. Diese Querwirbel verstärken die Entwicklung der instabilen Störwelle in der Scherschicht und beeinflussen den Aufrollprozess der kohärenten Wirbelstrukturen.

Eine parallele Simulation wurde durch Vergleich mit der Messung validiert. Die berechnete Verkürzung der Wiederanlegelänge sowie die Basisdruckänderung in der Simulation stimmen gut mit den Messergebnissen überein. Die instationäre Simulation ermöglicht, einen tiefen Einblick in die kohärenten Wirbelstrukturen zu gewinnen. Darüber hinaus wurde eine Parameterstudie numerisch untersucht. Auf der Grundlage der Untersuchungen wurden die Strouhal-Zahlen für die Stufenmode, die Scherschichtmode sowie die hochfrequente Scherschichtmode erfasst, die die zugrundeliegenden Mechanismen der aktiven Strömungsbeeinflussung beschreiben können.

Wenn die Stufenhöhe die Ausbreitung der Querwirbelstrukturen beschränkt, ist die auf der Stufenhöhe bezogene Strouhal-Zahl $Sr_H = 0{,}35$ eine wichtige Kennzahl zur Beschreibung der Auswirkung der Strömungsbeeinflussung. Die Wirbelstrukturen, die sich unter der Anregung mit dieser Strouhal-Zahl bilden, werden als Stufenmode bezeichnet. Wirbelstrukturen mit der Stufenmode haben das maximale Wachstum. Die Anregungsfrequenz für die Querwirbel mit dem maximalen Wachstum lässt sich auch mit der Impulsverlustdicke skalieren. Die Strouhal-Zahl, die sich auf die Impulsverlustdicke bezieht, erklärt den wesentlichen Zusammenhang zwischen der Grenzschicht der Anströmung und der Entwicklung der Querwirbel in der Scherschicht. Die Wirbelstrukturen, die sich bei der Anregung mit der Frequenz $Sr_{\delta 2} = 0{,}014$ bilden, werden als die Scherschichtmode bezeichnet. Diese Strouhal-Zahl eignet sich besonders gut, wenn der Boden oder die Trennplatte nicht vorhanden sind, oder wenn der Boden oder die Trennplatte kaum Einfluss auf die Querwirbel der Scherschicht hat. Die Scherschichtmode hat die maximale Entwicklungsgeschwindigkeit. Dies führt zur beschleunigten Wiederanlegung der abgelösten Strömung und folglich der minimalen Wiederanlegelänge. Allerdings muss dabei eine Basisdruckabnahme bzw. eine Luftwiderstanderhöhung in der Regel in Kauf genommen werden.

Im Gegensatz dazu kann eine hochfrequente Anregung die Entwicklung der kohärenten Wirbelstrukturen in der Scherschicht unterdrücken. Somit wurde die negative Auswirkung der Wirbelstrukturen auf den Basisdruck verringert. Als Folge davon wurde der Basisdruck erhöht, was i.d.R. auf eine Reduzierung des Luftwiderstands hinweist. Die unterdrückten Wirbelstrukturen in der Scherschicht unter einer hochfrequenten Anregung stellen ein bedeutsames Phänomen der Strömungsbeeinflussung dar. Sie werden in der vorliegenden Arbeit als hochfrequente Scherschichtmode bezeichnet. Die Strouhal-Zahl für die Anregungsfrequenz bei der hochfrequenten Scherschichtmode lässt sich mit der Impulsverlustdicke der ankommenden Strömung bilden, da die Turbulenzen in der Grenzschicht vor der Ablösung für die Bildung der hochfrequenten Scherschichtmode eine entscheidende Rolle spielen.

Als ein Übergang von der isolierten einseitigen Ablösung an einer Stufe zur komplexen Ablösungen an einem 3-dimensionalen fahrzeugähnlichen Modell wurden die zweiseitigen Ablösungen an den symmetrischen Ablösekanten eines 2D-Körpers untersucht. Das Modell zur Untersuchung der Ablösung des 2D-Körpers basiert auf dem Stufenmodell, indem der Vorderkörper der Stufe über die Mittellinie symmetrisch gespiegelt wird. Die Untersuchungen zur

Beeinflussung der Ablösung des 2D-Körpers wurden hauptsächlich an dem virtuellen Modell, deren Genauigkeit durch den Vergleich mit der Messung bestätigt ist, numerisch durchgeführt. Die typische Kármán-Wirbelstraße hinter dem 2D-Körper bestehen aus einer Serie von versetzt angeordneten Wirbeln, die an der Basisfläche alternierend starken Unterdruck induzieren. Der Druckverlust ist hauptsächlich für den Luftwiderstand des 2D-Körpers verantwortlich. Durch die gleichphasige Anregung wurden die Wirbel in der oberen und unteren Scherschicht nach der Ablösung zu einer symmetrischen Anordnung gezwungen. Dieses Verfahren wird in der vorliegenden Arbeit als die Synchronisation der Kármán-Wirbelstraße benannt. Der Unterdruck, der durch die Wirbel der Kármán-Wirbelstraße induziert wurde, kann stromabwärts verschoben werden. Somit wurde der Basisdruck erhöht und der Luftwiderstand des 2D-Körpers erfolgreich reduziert.

Die Entstehung und Entwicklung der Wirbel in den beiden Scherschichten werden von den Anregungsfrequenzen beeinflusst. Durch die Anregung mit der Frequenz von $Sr_H = 0,6$ ($Sr_{\delta 2} = 0,011$) wird die Entwicklung der Wirbel in der Scherschicht unterstützt. Die Wirbel bilden die Strukturen der Scherschichtmode. Die Wirbel in den beiden Scherschichten entstehen zwar gleichzeitig, wachsen unter der Anregung aber sehr schnell. Die Wirbel treffen sich in der Nähe der Basisfläche. Nach dem Zusammenstoßen der Wirbel in den beiden Scherschichten entstehen viele kleine Wirbel und sammeln sich dicht an der Basis. Daraus wird starker Unterdruck induziert. Als Folge des erhöhten Druckwiderstands an der Basis nimmt der gesamte Luftwiderstand des 2D-Körpers zu.

Wenn die abgelöste Strömung hinter dem 2D-Körper mit der 3-fachen Eigenfrequenz des Nachlaufs von $Sr_H = 0,9$ angeregt wird, rollen die Wirbel in den beiden Scherschichten gleichlaufend auf. Die Strouhal-Zahl $Sr_{\delta 2}$ beträgt 0,0165, wenn sie mit der Impulsverlustdicke skaliert wird. Deren Wachstum wird gleichzeitig stark unterdrückt. Dies verhindert das Treffen der Wirbel in der Nähe der Basisfläche, sowie das Entstehen eines energiereichen Wirbels. Dadurch wird eine Basisdruckerhöhung bzw. eine Luftwiderstandsreduzierung erzielt.

Außerdem spielt die Richtung der Anregung für die effektive Beeinflussung der Strömung eine wichtige Rolle. Wenn sich die Anregungsströmungen nach innen 45° zum Mittelpunkt des 2D-Körpers richten, ist es günstig, das

Zusammentreffen der synchronisierten Wirbel weiter stromabwärts zu verschieben. Gleichzeitig wird das Wachstum im Vergleich zum Fall der parallelen Anregungsrichtung noch stärker unterdrückt. Somit wird der Luftwiderstand weiter reduziert.

Bei der Anregung mit einer Hochfrequenz von $Sr_{\delta_2} = 0{,}06$ wird die Entwicklung der Wirbel in den Scherschichten dadurch unterdrückt, dass die Wirbel ständig unterbrochen werden. Ähnliche Strukturen wie bei der hochfrequenten Scherschichtmode der Stufenströmung, lassen sich in den Scherschichten des 2D-Körpers erkennen. Jedoch kann der Luftwiderstand des 2D-Körpers durch die hochfrequente Scherschichtmode nur geringfügig reduziert werden, da die konvektive Scherschichtinstabilität beim gesamten Luftwiderstand im Vergleich zu der absoluten Instabilität der Kármán-Wirbelstraße nur eine unwesentliche Rolle spielt.

Die Untersuchungen zur Beeinflussung der abgelösten Strömung an einer 3D-Konfiguration finden ausschließlich in einer virtuellen Umgebung statt. Als Modell wird ein fahrzeugähnliches 3-dimensionales SAE-Modell ausgewählt, da trotz der stark vereinfachten Strömungssituation des SAE-Modells die wesentlichen aerodynamischen Eigenschaften gut dargestellt werden können. Die Untersuchungen der Beeinflussbarkeit des SAE-Modells werden in dem digitalen Windkanal, der zur numerischen Erforschung des realen Windkanals sowie Fahrzeugs entwickelt wurde, durchgeführt. Im Vergleich zur Ablösung eines 2D-Modells hat der SAE-Körper eine symmetrische Nachlaufstruktur. In diesem Fall ist die Wirkung des Verfahrens zur Synchronisation der Scherschichten auf die Luftwiderstandsreduzierung stark eingeschränkt. Die kohärenten Wirbelstrukturen sind zwar in den Scherschichten zu finden, haben allerdings nur einen schwachen Einfluss auf den Luftwiderstand des 3D-Modells. Daher ist diese Methode, die zur Stabilisierung der kohärenten Strukturen in der Scherschicht dient, uneffektiv im Hinblick auf die Reduzierung des gesamten Luftwiderstands des 3D-Modells.

Obwohl die Erwartungen an die Reduzierung des Luftwiderstands des SAE-Körpers durch die aktive Strömungsbeeinflussung nicht erfüllt werden, zeigen die Untersuchungen das Potential, wie durch hochfrequente Anregung die Wirbel in den Scherschichten unterdrückt werden können. Für zukünftige

Arbeiten wird empfohlen, den Focus der Strömungsbeeinflussung beim 3D-Modell auf die hohen Frequenzen zu legen. Aufgrund der externen Energiezufuhr bei der aktiven Strömungsbeeinflussung müssen die entwickelten Methoden unter dem Aspekt des Energieverbrauchs betrachtet werden. Um eine günstige Energiebilanz zu erzielen, muss der zusätzliche Energieaufwand zum Betreiben des Anergungsaktuators deutlich geringer sein als die Energieersparnis, die durch die Luftwiderstandsreduktion infolge der Strömungsbeeinflussung gewonnen wird. Unter Berücksichtigung des zusätzlichen Energiebedarfs, des Volumens sowie des Gewichts der Komponente zur Anregung der abgelösten Strömung sind die Mikroelektromechanischen Systeme (MEMS) zu empfehlen. Die MEM-Systeme zeichnen sich durch die hohe Übertragungsgeschwindigkeit und geringen Energieaufwand aus [85]. Durch die Kombination der strömungsmechanischen Schwingung kann eine große Anregungsgeschwindigkeit bei dem geringeren Energieverbrauch erzielt werden. Allerdings standen zum Zeitpunkt der vorliegenden Arbeit die Mikroelektromechanischen Systeme aufgrund der relativ hohen Kosten für die Sensoren sowie die erforderliche Signalverstärkung nicht für die experimentellen Untersuchungen zur Verfügung.

Auf Basis der ersten Ergebnisse in der vorliegenden Arbeit soll bei zukünftigen Untersuchungen auf folgende Aspekte eingegangen werden, um zur Realisierung der aktiven Strömungsbeeinflussung an einem Fahrzeug beitragen zu können.

- Die Methode zur Beeinflussung der abgelösten Strömung hinter dem 2D-Körper soll in einer Strömung mit einer fahrzeugaerodynamisch relevanten Reynolds-Zahl überprüft werden. Je höher die Anströmungsgeschwindigkeit ist, umso schwächer ist die Kármán-Wirbelstraße im Nachlauf des 2D-Körpers ausgeprägt. Die Untersuchung der Beeinflussbarkeit der Strömung bei einer großen Reynolds-Zahl kann dazu dienen, den Einfluss der Reynolds-Zahl auf die Einsetzbarkeit der Methode zu untersuchen.

- Auf der Basis der aktiven Beeinflussung der 2D-Körperablösung sollen die Untersuchungen auf eine einfache 3D-Geometrie, wie beispielsweise ein Quader mit gerundeten Vorderkanten, erweitert werden. Aufgrund der Wechselwirkungen zwischen den Scherschichten an allen Hinterkanten sind Ablösungen im Nachlauf eines Quaders von komplexen Instabilitäten beherrscht. Die Untersuchung der Ablösungsvorgänge der einfachen 3D-Geometrie bildet die Grundlage zur Beeinflussung der komplexen Ablösungen des Fahrzeugs.

■ Bisher wurden die abgelösten Strömungen hinter dem SAE-Körper mit einem monofrequenten harmonischen Signal angeregt. In weiteren Untersuchungen kann die Strömungsbeeinflussung durch die Anregung mit Multifrequenzen realisiert werden, wobei eine davon im hochfrequenten Bereich liegen soll, um die Scherschicht durch die hochfrequente Scherschichtmode stabilisieren zu können.

Außerdem kann eine Analyse der Strömungsinstabilität des SAE-Körpers zur Entwicklung der Anregungsstrategien hilfreich sein. An den Stellen, wo die absolute Instabilität der Strömung stattfindet, wird die externe Energie in der Regel am effektivsten aufgenommen.

8 Literaturverzeichnis

[1] Prandtl, L. :Über Flüssigkeitsbewegung bei sehr kleiner Reibung. Verhandlungen des III. Internat. Math.-Kongr., Heidelberg, 1904

[2] Gad-el-Hak, M., Pollard, A., Bonnet, J.P. Flow control - Fundamentals and practices. Springer. 1998

[3] Schulz, J., Schönbeck, R., Neuhaus, L., Neise, W., Möser, M.: Aktive Beeinflussung des Betriebsverhaltens und Drehklangs axialer Turbomaschinen. Ventilatoren: Entwicklung- Planung- Betrieb: VDI-GET-Tagung, Braunschweig 20./21. Februar 2001. VDI-Bericht 1519; ISBN 3-18-091591-9, Düsseldorf, 2001

[4] Paschereit, C.O., Gutmark, E., Haber, L. Identification and control of unstable modes in an isothermal and reacting swirling jet. Advances in Turbulence VIII, CIMNE, Barcelona, 2000

[5] Gad-el Hak, M.: Modern developments in flow control. Appl. Mech. Rev., 49:365-379, 1996

[6] Westphal, R.V., Johnston, J.P.: Effect of initial conditions on turbulent reattachment downstream of a backward-facing step. AIAA Journal, 22(12):1727-1732, 1984

[7] Roshko, A.: On the wake and drag of bluff bodies, J. Aeron. Sciences, 22, 124.-132, 1955

[8] Bearman, P.W., Owen, J.C.: Reduction of Bluff-body Drag and Suppression of Vortex Shedding by the Introduction of Wavy Separation Lines. Journal of Fluids and Structures, 12: 123-130, 1998

[9] Suryanarayana, G.K., Pauer, H., Meier, G.E.A.: Bluff-body drag reduction by passive ventilation Experiments in Fluids, 16: 73-81, 1993

[10]   Sareen, A., Deters, R.W.: Drag Reduction Using Riblet Film Applied to
        Airfoils for Wind Turbines, AIAA 2011-558, 2011

[11]   Blumrich, R.; Mercker, E.; Michelbach, A.; Vagt, J.-D.; Widdecke, N.;
        Wiedemann, J.: Windkanäle und Messtechnik, T. Schütz (Hrsg.):
        Hucho - Aerodynamik des Automobils, Springer-Vieweg Verlag,
        ISBN: 3-834-81919-0, 2013

[12]   Hucho, W.-H.: Aerodynamik des Automobils: Strömungsmechanik,
        Wärmetechnik, Fahrdynamik, Komfort. Vieweg+Teubner Verlag,
        ISBN: 3-528-03959-0, 2005

[13]   Homepage: fkfs.de

[14]   Schmidt, M.: Mercedes testet F-Schacht im Frontflügel, Auto-Motor-
        und-Sport.de, 9. Februar 2012

[15]   Hucho, W.-H.: Aerodynamik der stumpfen Körper: Physikalische
        Grundlagen und Anwendungen in der Praxis. Vieweg-Verlag, ISBN: 3-
        528-06870-1 2002

[16]   Gad-el-Hak, M.: Flow Control: Passive, Active, and Reactive Flow
        Management. Cambridge University Press, 2000

[17]   Chun, S., Lee, I., Sung, H.J.: Effect of spanwise-varying local forcing
        on turbulent separated flow over a backward-facing step, Experiments
        in Fluids 26, 437-440, Springer-Verlag, 1999

[18]   Bearman, P.W.: Investigation into the Effect of Base Bleed on the Flow
        Behind a Two-Dimensional Model with a Blunt Trailing Edge.
        AGARD CP No. 4, Separated Flow, Part 2, 4, 485-507, 1966

[19]   Bearman, P.W.: The Effect of Base Bleed on the Flow Behind a Two-
        dimensional Model with a Blunt Trailing Ede. Aeronautical Quarterly,
        18, 207-224, 1967

[20]   Kim, J., Hahn, S., Kim, J., Lee, D., Choi, J., Jeon, W., Choi, H.: Active
        control of turbulent flow over a model vehicle for drag reduction.
        Journal of Turbulence 5 (019), 2004

[21]   Krentel, D, Muminovic, R., Brunn, A., Nitsche, W., King, R.: Application of Active Flow Control on Generic 3D Car Models, Active Flow Control II, NNFM 108, pp. 223–239, Springer-Verlag Berlin Heidelberg, 2010

[22]   Ahmed, S.R., Ramm, G.: Some Salient Features of the Time-Averaged Ground Vehicle Wake. SAE Paper 840300, SAE, 1984

[23]   Geropp, D.: Reduktion des Strömungswiderstandes von Fahrzeugen durch aktive Strömungsbeeinflussung. Patentschrift DE 3837729,1991

[24]   Geropp, D.: Process and device for reducing the drag in the rear region of a vehicle, for example, a road or rail vehicle or the like. U.S. Patent 5,407,245, 1995

[25]   Geropp, D., Odenthal, H.-J.: Drag reduction of motor vehicles by active flow control using the Coanda effect. Experiments in Fluids 28: 74-85, 2000

[26]   Renault: Altica - A sporty estate with the accent on practicality. In Renault Press Information 02/2006, 2006.

[27]   Böhmer, J.H.: McLaren nutzt Lücke im Reglement: So funktioniert McLarens Schnorchel-Trick. Spox.com, 12. März 2010

[28]   Schmidt, M: Red Bull mit F-Schacht? Schnorchel-Trick kommt wieder in Mode, Fotos: ams, Auto-Motor-und-Sport.de, 2012

[29]   Hust, F.: Teams einigen sich auf F-Schacht-Verbot für 2011. Motorsport-total.com, 9. Mai 2010

[30]   Schlichting, H.: Grenzschichttheorie. Verlag G. Braun, Karlsruhe, 1982.

[31]   Prandtl, L.: Der Luftwiderstand von Kugeln. Nachrichten Ges. Wiss. Göttigen, Mathematisch Physikalische Klasse, 177 – 190, 1914

[32]   L. Rayleigh: On the Stability, or Instability, of certain Fluid Motions. In: Scientific Papers. Vol. 1, S. 474–487, 1880

[33]   Ho, C.H., Huerre, P.: Perturbed free shear layers. Ann. Rev. Fluid
        Mech.16, 365-424, 1984

[34]   Honji, P.: The starting flow down a step. Journal of Fluid Mechanics
        69, 229-240, 1974

[35]   Konrad, J.H.: An experimental investigation of mixing in two-
        dimensional turbulent shear flows with applications to diffusion-limited
        chemical reactions. Intern. Rep. CIT-8-PU, Calif. Inst. Technol.,
        Pasadena, 1976

[36]   Browand, F.K., Ho, C.M. The mixing layer: an example of quasi
        twodimensional turbulence Journal de Mecanique Theorique et
        Appliquee Supplement, p. 99-120., ISSN 0750-7240, 1983

[37]   Helmholtz, H.: Über diskontinuierliche Flüssigkeitsbewegungen.
        Monatsberichte Königlich Preußische Akad. Wiss. Berlin, 23:215–28,
        1868.

[38]   Kelvin, L: Hydrokinetic solutions and Observations.Phil. Mag.,
        42(4):362–77, 1871.

[39]   Oertel Jr., H.; Delfs, J.: Strömungsmechanische Instabilitäten. Berlin,
        Springer-Verlag, ISBN 3–540–56984–7, 1996

[40]   Brede, M., Eckelmann, H., Rockwell D.: On secondary vortices in the
        cylinder wake. Phys. Fluids. 8(8), 2117–2124, 1996

[41]   Pierrehumbert, R.T., Widnall, S.E.: The two- and three-dimensional
        instabilities of a spatially periodic periodic shear layer. Journal of Fluid
        Mechanics114, 59, 1982

[42]   Metcalfe,R.W., Orzag, S.A., Brachet, M.E., Memon, S., Riley, J.J.:
        Secondary instability of a temporally growing mixing layer. Journal of
        Fluid Mechanics 184, 207-243, 1987

[43]   Eaton, J.K., Johnston, J.P.: Turbulent flow reattachment: An
        experimental study of the flow and structure behind a backward-facing
        step. Report MD-39, Stanford University, 1980

[44]   Kottke, V.: Wärme-Stoff- und Impulsübertragung in abgelösten
        Strömungen. Chem.-Ing. Tech. 54, 86-94, 1982

[45]   Chapman, D.R., Kuehn, D.M., Larson, H.K.: Investigation of separated
        flow in supersonic and subsonic streams with emphasis on the effect of
        transition. NACA Report 1356, 1958

[46]   Maull, D.J.: An Introduction to the Discrete Vortex Method.
        Proceedings I.A.H.R.

[47]   Jaroch, M.P.G., Graham, J.M.R.: An Evaluation of the Discrete Vortex
        Method as a Model for the Flow past a Flat Plate Normal to the Flow
        with a Long Wake Splitter Plate. Journal of Theoretical and Applied
        Mechanics, 7, 105-134, 1988

[48]   Pastoor, M.: Wirbelbasierte niederdimensionale Modellierung und
        Kontrolle von abgelösten Scherschichten. Dissertation, Technische
        Universität Berlin. 2008

[49]   Brown, G.L., Roshko A.: On Density Effects and Large Structure in
        Turbulent Mixing Layers. Journal of Fluid Mechanics 64, S.775, 1974

[50]   Strouhal, V.: Über eine besondere Art der Tonerregung. in Annalen der
        Physik und Chemie. Band V. Leipzig, Verlag von Johann Ambrosius
        Barth. 10. Heft. S. 216-251, 1878.

[51]   Greenblatt, D., Wygnanski, I. J.: The control of flow separation by
        periodic excitation. Progress in Aerospace Science 36, 487–545, 2000

[52]   Hoerner, S.: Base Drag and Thick Trailing Edges, Journal of
        Aeronautical Science, 17, 622-628, 1950

[53]   Görtler, H.: Berechnung von Aufgaben der freien Turbulenz auf Grund
        eines neuen Nährungsansatzes, Zeitschrift für Angewandte
        Mathematik und Mechanik, 22, S.244–254, 1942

[54]   Michalke, A.: On the Inviscid Instability of the Hyperbolic-Tangent
        Velocity Profile. Journal of Fluid Mechanics 19, S.543, 1964

[55]   Michalke, A.: Vortex Formation in a Free Boundary Layer According to Stability Theory. Journal of Fluid Mechanics 22, S.371, 1965

[56]   Michalke, A.: On Spatially growing Disturbances in an Inviscid Shear Layer. Journal of Fluid Mechanics 23, S.521, 1965

[57]   Monkewitz, P.A., Huerre, P.: Influence of the velocity Ratio on the Spatial Instability of Mixing Layers. Phys. Fluids 25(7), S.1137, 1982

[58]   Zhou, H., You, X.,: On Problems in the weakly nonlinear Theory of Hydrodynamic Stability and its Improvement Acta Mech. Sinica, 9, No.1, 1993

[59]   L. Rayleigh, On the dynamics of revolving fluids. Proceedings of the Royal Society of London. Series A, 93, 148–154, 1917

[60]   Synge, J. L.: The Stability of heterogeneous Liquids. Trans. Royal. Soc. Canada 27, S.417, ASIN: B004V3KR6O, 1933

[61]   Saric, W.S.: Görtler Vortices. Ann. Rev. Fluid Mech., 26, 2.1-2.71, 1994

[62]   Fiedler, H.E., Nayeri C., Spieweg, R. & Paschereit C. O.: Three-dimensional mixing layers and their relatives. Exp. Therm. Fluid Science. 16, 3-21. 1997

[63]   Huppertz, A.: Aktive Beeinflussung der Strömung stromab einer rückwärts gewandten Stufe. Dissertation, Technische Universität Berlin. 2001

[64]   Hannemann, K., Oertel, H. Jr.: Numerical simulation of the absolutely and convectively unstable wake. Journal of Fluid Mechanics, 199, 55-88, 1989

[65]   Potthoff, J., Wiedemann, J.: Die Straßenfahrt-Simulation in den IVK-Windkanälen – Ausführung und erste Ergebnisse. 5. Internationales Stuttgarter Symposium. Expert-Verlag, ISBN 3-8169-2180-9, Renningen, 2003

[66]   A Roxboro Group Company: Ethernet Intelligent Pressure Scanner 9016

[67]   Jorgensen E. How to measure turbulence with hot-wire anemometers - a practical guide Dantec Dynamics, 2002

[68]   Lebedeva, I. V.: Experimental study of acoustic streaming in the vicinity of orifices.Sov. Phys. Acoust. 26:331, 1980

[69]   Utturkar, Y., Holman, R., Mittal, R.: A Jet Formation Criterion for Synthetic Jet Actuators, 41st Aerospace Sciences Meeting & Exhibit, AIAA 2003-0636, 2003

[70]   Bechert, D.W.: Excitation of instability waves in free shear layers. Part I. Theory Journal of Fluid Mechanics 186, 47 – 62. 1988

[71]   SAE Road Vehicle Aerodynamics Committee: Aerodynamic Testing of Road Vehicles – Open Throat Wind Tunnel Adjustment. SAE Report J2071, Detroit, 1994.

[72]   Hähnel, D.: Molekulare Gasdynamik. Springer Verlag, 2004.

[73]   Wolf-Gladrow, D.A.: Lattice Gas Cellular Automata and Lattice-Boltzmann Models. Springer Verlag, 2000.

[74]   Kuthada, T.: Die Optimierung von Pkw-Kühlluftführungssystemen unter dem Einfluss moderner Bodensimulationstechniken, Dissertation, Universität Stuttgart, 2005

[75]   Tennekes, H. und Lumley, J.L.: A First Course in Turbulence. The MIT Press Cambridge, Massachusetts, London. 1972

[76]   Teixeira, C.: Incorporating turbulence models into the lattice-Boltzmann method. International Journal of Modern Physics C, 9(8): 1159 – 1175, 1998.

[77]   Pervaiz, M.; Teixeira, C.: Two Equation Turbulence Modeling with the Lattice-Boltzmann Method. ASME PVP Division Conference, Boston, 1999.

[78]   Schütz, T.: Ein Beitrag zur Berechnung der Bremsenkühlung an Kraftfahrzeugen. Dissertation, Universität Stuttgart, 2009

[79]   Greenblatt, D., Wygnanski, I.J.: The control of flow separation by
        periodic excitation. Progress in Aerospace Science 36, 487–545, 2000

[80]   Bhattacharjee S; Sheelke B; Troutt TR Modifications of vortex
        interactions in a reattaching separated flow. AIAA J 24:623-629, 1986

[81]   Roshko, A., Lau J.C.: Some observations on transition and
        reattachment of a free shear layer in incompressible flow. In Proc. Heat
        Transfer and Fluid Mech. Inst.; Stanford University, 1965

[82]   Dilgen, P.G.: Berechnung der abgelösten Strömung um Kraftfahrzeuge:
        Simulation des Nachlaufs mit einem inversen Panelverfahren. In
        Fortschritt-Berichte VDI, Reihe 7 . VDI-Verlag. 1995

[83]   Hasan, M.A.Z.: The flow over a backwardfacing step under controlled
        perturbation: laminar separation. J. Fluid Mech. 238, 73-96, 1992

[84]   Hasan, M.A.Z., Khan, A.S.: On the stability characteristics of a
        reattaching shear layer with nonlaminar separation. Int. J. Heat Fluid
        Flow. 13, 231, 1992

[85]   Voßkämper, L.: Automatisierung im MEMS Entwurf: Kohärente
        Layoutsynthese und Modellbildung von skalierbaren mikroelektro-
        mechanischen Strukturen. Vdm Verlag Dr. Müller, ISBN 978-
        3639049237, 2008

Printed in the United States
By Bookmasters